Rをはじめよう
生命科学のためのRStudio入門

訳 富永大介
著 Andrew P. Beckerman, Dylan Z. Childs, Owen L. Petchey

GETTING STARTED WITH R: AN INTRODUCTION FOR BIOLOGISTS, SECOND EDITION
by Andrew P. Beckerman, Dylan Z. Childs, & Owen L. Petchey

【注意事項】本書の情報について

本書に記載されている内容は，発行時点における最新の情報に基づき，正確を期するよう，執筆者，監修・編者ならびに出版社はそれぞれ最善の努力を払っております．しかし科学・医学・医療の進歩により，定義や概念，技術の操作方法や診療の方針が変更となり，本書をご使用になる時点においては記載された内容が正確かつ完全ではなくなる場合がございます．また，本書に記載されている企業名や商品名，URL等の情報が予告なく変更される場合もございますのでご了承ください．

訳者からの序

この本は、たとえば大学で研究室配属になって「あぁ……これから統計解析の勉強をしなきゃ……やっぱパソコンとか使わないといけないよね……」と憂鬱な気分になっている学生が、とりあえず何も考えずに買っても大丈夫な本です。この本にしたがって統計解析の実習をやることで、解析作業の基礎的なステップが身に付きます。使うのは、パソコンとRStudioです。世の中ではパソコンと言えばWindowsが多い一方、生命科学分野の研究室ではMacが増えていると思いますが、RStudioの使い方はどちらでも同じです。さらにRStudioはパソコンがなくても、タブレットでも使えます（RStudio Cloudというのがブラウザから使えます）。つまりいろんな人が、この本1冊で勉強できるわけです。大学の研究室や高校の部活（学生だけでなく先生たちにも）、またデータサイエンスに興味を持つ企業の研究チームなどにも最適です。Rはバージョンアップがよくありますが、この本にはR version 3.5.1/RStudio 1.1.463をWindows 10上で実行したときの結果を載せています。Rのバージョンなどによっては実行結果が少し違ったりするかもしれませんが、大きな問題になることはないだろうと思います。

この本には、統計そのものの原理や検定の理論の解説はほとんどありません。統計解析の知識が少しある人に向けて、堅実な結論を出すための作業手順をケーススタディで練習する内容です。なので、最初のページから順に進んでいくように書いてあります（知りたいところだけを必要な時に抜き出して読む、というような書き方にはなっていません）。このような作業手順を身に付けるのは、間違った結論を出して、そうとは知らずに堂々と主張する、といった悲劇を避けるためです。多くの統計検定には、データの分布やモデルの当てはまり方などについて前提条件があります。また、データを観測した時の実験計画の意図をよく理解していないと、適切なモデルを選べません。これらの点について繰り返し実習して、どんなデータ形式にどんな検定法を使うのかを体験しつつ、作業手順を体で覚えるのがこの本の目的です。

近年、人工知能やビッグデータといったキーワードが注目されていますが、この本はそのどちらも扱っていません。ただ、これらはデータサイエンスの一分野です。そしてこの本はデータサイエンスのもっとも重要な基礎を身に付けるためのものです。生命科学分野でビッグデータ解析に興味を持っている人も、基礎的な解析作業を身に付けておいて損はありません。むしろ、身に付けておくべきだろうと思います。これが、自分の扱おうとしているデータがビッグデータかどうかを判断する力の基礎にもなるでしょう。

生命科学分野では、遺伝子発現データを始めとして大規模な数値データがよく見られますが、これらは必ずしもビッグデータではありません。遺伝子数が多くてもサンプル数が少なければ、各遺伝子についてはむしろ小サンプルです。小サンプルデータの解析にはしばしば落とし穴があって、出版されている論文でも怪しい統計解析がときどきあります。その原因の一部は、モデルが適切でなかったり、データの分布が前提を満たしていなかったりすることです。これにはやはり、適切で堅実な作業手順を身に付けることが重要です。

この本はまさにそのための本です。「基礎的で堅実な作業方法」が主題なので、これ一冊あれば生命科学分野の統計解析法は一通りわかるといった網羅性は（全然）ありません。実際の研究現場では、この本に載ってない解析法をたくさん調べて使う必要があります（たとえば、フィッシャーの正確確率検定とかウィルコクソンの順位和検定とか、またいろんな次元縮約も重要です）。RStudio（が内部で使っているR）には必要な機能はほぼすべて揃っていますが、それを使うためには、自分でやり方を調べる必要があります。と言っても臆することはありません。この本で基本的な考え方と作業の流れを理解したなら、応用的なことを理解する力も備わっていると言えるでしょう。この本の中では「Rのヘルプ画面が役に立つ」と書いてありますが、全部英語なので、敷居が高いと思ったら調べものはネット検索か、または自分にとってわかりやすい解説書を探すとよいと思います。

この本は、楽しい本です。また、難しい統計の理論は（ほとんど）ないので、わかりやすいと思います。ちゃんと解析して、堅実な結論を出して、きれいな図を描くと、一流の研究者がやっているのと同じ統計解析が自分にもできた、この結論は自信を持って発表できるのだ、という喜び、うれしさが沸いてきます。「自信が持てる結論と発表のための解析手順を身に付けて、楽しく、みんなの役に立つ研究ができる」のが幸せな研究生活だろうと思います。みなさんがそうできるよう、心より祈っています。この本の原著者らは楽しくやってそうですしね。

2019年2月

富永大介

目次

前書き

この本を書いた理由

Rは、オープンソースのプログラミング言語の実行環境であり、かつ統計解析の統合プラットフォームです。この本を読めば、Rが使えるようになります。統計解析そのものについての解説はこの本の目的ではありません。みなさんの人生（つまり、研究活動の積み重ねですね）を少しでも楽にする助けになれば、と思って書きました。

「R？聞いたことならあるけど」という人たちに「Rならいつも使っているよ」という人になってもらおうと思って、私たちは数年前にこの本の初版を書きました。当時すでにRを使ったデータ解析や統計解析の本は山ほど出ていましたが、たとえば、パソコンと言えばExcelをちょっと使ったことがあるくらいで、わざわざその勉強をする時間がないような人、または、Rっていうのが便利らしい、やってみたら楽しいかもね、くらいに思っているような人たちに向けた本はなかったと思います。加えて正直に言えば、勉強のしかたにもよりますが、Rは初心者には取っつきにくい面があります。そこで初版は、「統計解析のソフトウェアにもその他のアプリにも詳しくない、でもとにかく今すぐパソコンで解析をはじめたい」という人たちに向けて書きました。その結果、短期間でがんばって必要な量のスキルを学ぶ本になってしまい、のんびり公園を散策する気分で気楽に勉強、とはいかなくなりました。

しかし、この5年で大きく状況が変わりました。もっとも重大な点は、Rがデータ解析、データ管理、グラフィクス作成のための統合プラットフォームへと成長したことです。といってもまぁ、進化したのはそこだけと言えばそこだけで、Rをこれから使っていこうとする人たちは昔と同じように、ヘルプを見ながら、自分のしたい解析はどういう手順でできるのかを調べつつ学びつつ、作業を進めていく必要があります。そこでこの本を書くとき、2つの点を重視しました。1つ目は、初版の「読者が実際にRを使うようになる」という目的を維持することです。私たちは、Rを使う人が増えるのがうれしくて、もう15年もRの入門コースをやっています。この本は敷居は低く間口は広く、読み進めれば大学の学部生にも大学院生にも、これからRを使いたい教官にも十分に役に立つ内容なのがわかると思いますが、気付いた点やご意見があれば、ぜひお知らせください。

2つ目は、著者である私たち自身がRを使う方法、したがってこれからみなさんにお教えするRの使い方を、初版から大きく変えたことです。新しいやり方のよい点や、無駄がなく直観的でスタイリッシュな使い方をこの本で取り入れました。これによってRの使い方そのものに煩わされることが減り、データそのものや解析の結果により集中できます。よいことです。

この本の英語原著の初版を持っている人がいたら、第2版と比べてみてもよいでしょう。第2版ではデータを整理したり図を作ったりするのに、Rに最初から入っているbaseと呼ばれるパッケージのツール群には頼らず、dplyrとggplot2というパッケージを使うことにしました。また統計解析の基本の例題として、初版での共分散分析（ANCOVA）の例に加え、新しいデータセットとシンプルな線形回帰、一元配置および二元配置の分散分析（one-wayおよびtwo-way ANOVA）の例を増やしました。3つ目に、一般化線形モデルの新しい章を丸々1つ付け加えました。そう、そのために本書の著者にディランDylanが新しく加わりました。

初版と何がそんなに変わったの？

（訳注：まず、厚さが2倍になっています。）この本では、定量的な統計解析の一般的な手順に沿って話を進めます。まず最初の疑問、つまり解析しようとしているデータはそもそも何を明らかにするために観測されたのかを明確にし、その答えが得られるように正しくデータを集め、データの様子を要約統計量やいろいろな図で確認し、データの様子をわかりやすく示す図を作り、最初の疑問に基づいた統計モデルを当てはめ、そのモデルが成り立つ条件が満たされていることを確認し、モデルを解釈してみて予想していた答えを肯定あるいは否定し、最終的な解析結果と結論を明確に示す美しい図を作る、という流れです。

Rにはそれぞれ使い方の異なる多くのツールがあり、それらを組み合わせて使うことで解析の流れを進めていきます。初版ではRのbaseパッケージ（デフォルトでインストールされているツール）に含まれる「旧来」のツールによる方法を紹介しました。旧来といってもこれらのツールは当時から、そして今でも十分に使えます。私たちは大学の授業で何年もこのやり方を教えてきたし、自分の研究でも使ってきました。今でも時々使います。みなさんがRを使いはじめて、他のRユーザーと情報交換したりコードを共有したりしていくと、古い方法を使っている人が今も大勢いるのがわかると思います。

しかし旧来のツールや使い方は設計されたのがかなり昔で、いたるところで、独特な記号や書き方が必要になります。たとえばデータセットから一部分を取り出したいときには角括弧 [ ] を使い、変数名の指定にはドル記号 $ を使います。また同じような機能のツールなのに使い方が全然違うこともあります。こういった独特なやり方や面倒な事情のおかげで、Rのコードを読んだり、書き方を習得するのが難しくなっているのです。

そこで私たちは検討を重ね、また様々な使い方を実践した上で、この本ではハドリー・ウィッカム卿（「卿」というのは、彼の素晴らしい功績を讃えて、私たちが勝手に祭り上げて付けてるだけです）とその仲間たち（`http://had.co.nz/`）が作った、比較的新しいのにすでに広く使われているツール群を導入することにしました。これらのツール群はいくつかのパッケージに分けてまとめられていますが、使い方は首尾一貫して統一されています。この本では、このツール群の機能と使い方を正しく学びます。また、baseパッケージについても一部分だけ学びます。一部分といってもけっこうな量がありますけどね。

私たちが、baseパッケージからこの新しいやり方に乗り換えた理由をいくつか挙げてみます。

- 「自然言語」により近くなったので、コードの読み書きがしやすい。
- 使い方が統一されているので、覚えやすい。
- 小さな簡単な問題を、非常に簡潔に解けるように作られているが、それを自然にかつ直観的に拡大することで、複雑で大規模な問題に適用できるようになっている。
- 用意されたツールで、データ管理、統計解析、きれいな図の作成などの一般的な作業手順の各ステップをすべて網羅できる。
- 著者陣がそれぞれ別々に新しいやり方を導入してみた結果、最終的に、みんなこのやり方のよさを確信したこと（アンドリューには無理やり使わせたような気もするけど）。

私たちは、Rの初心者には新しいやり方を教えることこそ正しい道だと確信していますが、よいことばかりでもありません。特に、旧来のやり方で書かれたコードを読んだり、そういうコードを書く人たちと共同作業を行うのは容易ではなくなると思います。また、Rをこれから学ぶ学生に、世間に定着しているとは言えないかもしれない「新しい」やり方を教えるのはいかがなものか、と他の教員が言ってくるかもしれません。旧来の方法を教えないときはなおさらです（しかしこういう人に限ってRを使ったこともなかったりするのです。まったく石頭です）。しかしこういった懸念ももっともだとも思うので、第3章（データの操作法の章）に旧来の方法と新しい方法の比較を載せておきます。「老犬は新しい芸を覚えたがらない」っていう諺もありますが、今でも旧来の方法でやった方がよい場面はありますから。

また、新しいツールや外部パッケージを使ったりするのは「応用的」「発展的」で、まず基礎を学ぶべき初心者にいきなり教えるのは大変ではないかという意見もあるでしょう。baseパッケージでは何か足りないのか？と言われれば、少なくとも初心者に必要なものは全部揃ってるに決まっています。それでも初心者はもちろん、Rを使い慣れたプロの研究者にとっても、使い方が首尾一貫して統一されている外部パッケージは便利で有用です。さらに、「base」は「basic」ではない、つまり「base」を基本的あるいは基礎的と読むべきではないし、また外部パッケージであることを示す「add-on」を「advanced」、つまり応用的あるいは発展的と読むべきでもありません。baseパッケージにも応用的な関数がたくさんあるし、非常に基本的な機能を提供する外部パッケージもたくさんあります。

みなさんが、この本を楽しんでくれることを願っています。

この本は何の本なの？

私たちはRが好きです。日々の研究生活や教育活動でRを使っています。でもそれ以外にも、著者の1人のオーウェンは自分の赤ちゃんの世話を記録し、調べるのに使っています。私たちは進化環境学あるいは社会環境学という分野の黎明期から第一線で研究を行っていますが、この15年というもの、最初は各自で、次第に一緒に、Rへの愛をはぐくんできました。この本では、著者3人分を合計すると40年以上になる経験に基づいて、Rがいかに簡単で、重要で、しかも楽しいかを伝えたいと思います。私たちは3～5日間のR入門コースを世界のあちこちでやっていますが、この本はそれをもとにしています。このコースは学生に加えて、Rはどうにも取っつきにくいんだけど、何とか使えるようになりたい、と願う教員も対象にしています。

私たちがやっている入門コースの受講者やこの本の読者は、スプレッドシートや統計、グラフィクスのソフトウェア（Excel、SPSS、Minitab、SAS、JMP、Statistica、SigmaPlotなど）のいずれかを使ったことがあると想定しています。また受講者、そしてできればみなさんにも、χ^2検定、t検定、ANOVAといった定番の統計解析の知識を期待しています。受講者は数日間の時間と引き換えに、Rの使い方と、Rだけでどうやってデータ管理、グラフィクス、統計解析を行うかという知識を得ます。Rを使うことで私たちの研究生活は変わりました。これまでの受講者もそうだと言ってくれています。

私たちは入門コースやこの本を書くのに労力を費やしていますが、それでもそれは、Rを開発してるR Core Development Teamの努力に比べると微々たるものです。Rを使って解析を行い、新たな発見を発表しようとするとき、Rそのものと、様々なパッケージの開発者に対する感謝を忘れてはいけません。

読むときには知っていてほしいこと

みなさんがこの本の内容を各自パソコンで試して、身に付けるためには、パソコンと統計解析について知っておいてほしいことがいくつかあります。もうインターネット時代になって長くたつので、多くの読者はすでにご存知の内容だと思いますが、念のために列挙しておきます。

- インターネットからファイルをダウンロードする方法。これはWindows、Mac、Linuxのどれも原理的には同じですが、実際の操作法はそれぞれ少しずつ違います。自分が使うOSの種類、ウェブブラウザの種類、マウスやトラックパッドの使い方を確認してください。
- 自分のパソコンでフォルダを作り、そこにファイルを保存する方法。整理整頓しながら効率よく作業を進めるためには大事なことです。
- 必須とまでは言えないのですが、自分のパソコンにおける「パス」の書き方。パスとは、パソコン内でのフォルダやファイルのアドレスのことです（ファイルへのパス、などと言います）。Windowsでは、OSのバージョンにもよりますが、パスにはドライブ名とコロン（:）と円マーク（¥）、フォルダ名が含まれます。MacやLinuxを含むUnix系OSでは、ハードディスク名と、ユーザーのホームディレクトリ名かチルダ（~）と、フォルダ名とスラッシュが含まれます。
- 最後に、統計解析のやり方と、なぜ統計解析を行うのかについての最小限の基礎的な理解が必要です。t検定、χ^2検定、線形回帰、分散分析、共分散分析のそれぞれで、どんなデータから何がわかるのかを知っていれば、この本を読まなくてもある程度は、自分で統計解析を行うときに、結果がどうなるかを考えることができます。統計解析そのものを教えるのはこの本の目的ではありません。統計解析でみんながよく作るプロットやよくやる計算をRで実現する方法、そしてRがみなさんに何を返してくるのかを理解することが目的です。この本ではこの方針で話を進めていきます。

この本の構成

この本では、生命科学分野での日常の研究活動を想定してRの使い方を紹介します（でも、他の分野でもほぼ同じです）。つまりみなさんの手元には何らかのデータがあり、そこから何か言えることを導き出したいと考えているような状況です。一般的な流れでは、まずデータを整形するなどし、どんなデータなのか様子を見て（プロットしてみるなど）、そして解析作業を行います。我々は、解析作業の前には、図を描くことをお勧めします。いやむしろ、必ず図を見ろ！と命令したいと思っています。何らかの現象を観測したデータを解析したりモデリングするときには、どんなメカニズムでその現象が生じるのかを考え、それに基づいた統計モデルを構築し、そのモデルが要求する前提が満たされているかどうかを確認します。これをやってはじめて、モデルの持つ意味を解釈することができます。このための堅実で無駄のない作業手順、つまりRでデータの様子を調べて可視化し解析するための作業テンプレートを示すのが、この本の目的です。データを理解し知りたいことを知る、というゴールを常に意識していれば、この本が示す作業の手順を身に付けて、活用できるようになるはずです。

第1章はまず、Rって何？です。たとえば、これから友達になるかな、いやどうだろうな、というような人にはじめて会うときは、お互いを知るための時間が少し必要です。第1章はそんな感じです。そしてRStudioという1人の友人を紹介します。Rもですが、RStudioとも仲良くなってください。知り合いになれば、彼らに惚れ込むことになるのは間違いありません。

第2章は、データの準備のしかたと、Rへの読み込み方、ちゃんと思った通りに読み込まれているかを確認する方法です。こういったことを十分に教える入門コースは少ないのですが、無駄のない作業をするには重要なことなので、この章でしっかり説明します。十分な成果を得るためには、十分な準備が必要です。データ読み込みのときに間違いやすいことと、間違いの見つけ方と直し方を示します。

第3章は、データを読み込んだらまず何をするか、です。プロットを描いたり統計解析をしたりする前に、データの整形作業が必要になることがよくあるし、データの一部を抜き出したり、平均値±標準誤差を計算したいかもしれません。非常に簡潔で明解な方法があるので、それを取り上げます。

第4章は、データの可視化です。統計解析の章の前に作図の章です。私たちはプロとして**常に、いかなる統計解析でもその前に必ず、データを図で見るからです**（これはこの後も、何度でもまた言います）。ここでは散布図、ヒストグラム、箱ヒゲ図を取り上げます。もっと後半の章では平均値と標準誤差のプロットについても説明します（しかしエラーバーのある棒グラフはやりません。これは憎むべき存在だからです[注1]）。

第5章、第6章、第7章でついにやっと、統計解析をやります。第5章は「基礎的」な統計検定（t検定、χ^2分割表、簡単な線形回帰、一元配置分散分析（one-way ANOVA））、第6章はさらに複雑な検定（二元配置分散分析（two-way ANOVA）と共分散分析（ANCOVA））、第7章は私たちが新たに踏み込む領域、一般化線形モデル（GLM）の中でもっともシンプルなポアソン回帰です。この本ではRの操作法がメインで、統計解析そのものはそんなにやらないと言いはしましたが、これらの章を学習すれば、Rから出てくるものの統計的な意味をちゃんと理解できるようになります。生命科学では様々な解析アプローチが必要になるので、その助けになればと思ってこの「一般化線形モデル（GLM）を使ってみる」の章を加えました。少しでも多くの解析法を見て知って、それが自分の研究を進め統計解析をさらに学ぶエネルギーと自信につながるとよいと思います。

第8章は再び、グラフィクスです。ここまでに出てきた図よりもより美しく見える作り方、つまり言ってしまえば、見せかけの飾り方です。プロットのタイトルや軸ラベル、色、サイズの調整、その他もろもろ、いろいろ調整して少しでも目を引き、解析結果がわかりやすく見えるきれいな図の作り方を説明します。ただし、このような飾りは使いどころを間違えると、ひどい図にもなり得ます。みなさんも気をつけましょう。

最後の第9章では、要するにこの本はどういうものだったのか、そして今後の指針はどうあるべきかについて、短くまとめました。ここまで来たみなさんは、Rについて十分な知識とスキルが身に付いていて、もっと知りたい、持っているデータを片っ端からどんどんRに投げ込みたい、という気持ちになっているはずです。そういう気持ちが湧いてくることこそが、Rの使い方が身に付いた証拠だ、とも言えるでしょう。

注1　http://dx.doi.org/10.1371/journal.pbio.1002128

この本での表記のしかた

この本では、Rの入出力の意味がわかりやすいように、全章を通じて文字の色やフォントの使い方を決めています。それでちょっとカラフルな感じになっています。みなさんの中には色の使い方などについて、視覚認識デザイン的見地から何か助言などのある人もいるかもしれませんが、ご意見は無用です。とにかく紙面上で何が何なのかハッキリ見分けがつくようにしました。

またみなさんが自分のパソコンで試せるところには、本文の脇にパソコンのアイコンを載せました（この横にあるヤツです）。

最後に、この本に出てくるデータセットはすべて、http://r4all.org/books/datasets/に置いてあります。いつでもダウンロードできます。

Rを使う理由

Rの使い方を勉強しようしている人は、「統計解析のソフトウェアはたくさんあるのに、Rを使うのはなぜ？」とは、今さら考えないかもしれません。でもみなさんの中には、プロの研究者としていろんな統計解析やグラフ作成ソフトウェアを使っている人もいるでしょう。またこれから研究者になるつもりの人で、指導教官やラボ内のみんなが使っているものがいいのかな、それか思い切ってRでやってみようかな、と悩んでいる人もいるでしょう。ラボではみんなRをバリバリ使ってるんだけど、自分はまだ使えなくて、いちいち調べるのが面倒な事柄がズバリ書いてあるような本を探してるんだけど……という人もいるでしょう。初心者がRに慣れるのにも、慣れた人が日々使うのにも、研究者としてのキャリアの長さや分野に関わらず、Rとはどういうものかを筋道立てて説明してあれば役に立つと思います。そこで、Rの特徴あるいは特性のうち、大事な点を列挙しておきます。Rを使いはじめる理由はいろいろあるでしょうが、以下のことはRを使うときにも、他のソフトウェアからRに移行するときにも参考になるでしょう。

1つ目は、Rは無料で自由に使え、クロスプラットフォームであることです（WindowsでもMac（OS X）でもLinuxでも使えます）。どこにいても同じ仕事をする、つまり共通のデータ形式で作図、解析作業ができ、しかもその一連の作業を自動で行う計算機プログラムを作ることができます（コードあるいはスクリプトと呼びます）。世界中どこでも、誰でも、パソコンがWindowsでもMacでもLinuxでもRは使えます。しかも利用許諾やライセンスの購入は必要はありません。大学の学部、あるいは全学で予算を割いていくつも統計解析ソフトウェアを使っているのなら、Rに乗り換えれば相当な金額が浮くでしょう。たとえ転職や異動があっても、Rはその異動先でまったく問題なく使えます。自分のコードが使えなくなることはありません。

2つ目は、Rは計算機言語のインタープリター型の実行環境だということです。マウスでメニューをクリックしていくような操作ではなく、コマンドをキーボードで打ち込んでいきます。したがって、解析作業全体の各作業ステップにおいて、Rに何をさせたいか、それはRにどう命令すればよいのか、そして何がRから返ってくるのかを知っておく必要があります。メニューのどこかをクリックしていけば何かいいものが出てくる、というわけにはいきません。これは見方を変えれば、Rを使っていくことで統計解析やデータ解析の詳細な作業手順について学び続けることになる、とも言えるでしょう。

3つ目は、Rはフリーだということです。無料だとは先に言いましたが、正確には、無料で自由に使えるということです。しかしRは、たくさんの人たちの甚大な労力によって作られており、また今も開発が続けられていて、この労力自体にはコストがかかっています。Rを使うときには、このことを心にとどめておきましょう。

4つ目は、統計解析の作業ではいくつもの定番のソフトウェアを組み合わせて使うことがよくありますが、Rの場合は全部Rだけですむ、ということです。ちょっと挙げてみるだけでもExcel、Minitab、SAS、Systat、JMP、SigmaPlot、CricketGraphなどがありますが、たくさん使えばそれだけライセンス料がかさみます。それに、データの様子、要約を見て、プロットを作り、統計解析の結果をまとめたいのに、作業結果は各ソフトウェアそれぞれの独自形式のファイルで保存され、パソコンのあちこち(や机の上)に散らかることになります。様々なファイル形式、有料ソフトウェアのデータ形式、使ったツール群をまとめて整理して管理するのは、うんざりで面倒に決まっています。また複数のソフトウェアの間でデータをやり取りしようと思ったら、そのためだけに作業ステップが増えることになります。そうやってまとめた結果を論文雑誌に投稿して数ヶ月あるいは半年後、論文が査読コメントともに返ってきて、解析内容を修正する必要が生じて、そしてまた結果をまとめ直すことを考えたらもう、笑うしかありません。Rを使えるようになれば、こういったストレス源は消え去ります。

5つ目は、出版に耐える十分な品質の図をRで作れることです。RだけでPDFをはじめとする様々な画像形式のファイルが作れるし、それはそのまま出版社で使ってもらえる品質です。私たちは普段、プロットを作るのにはRしか使いません。また論文を雑誌に投稿するときも、図はRで作ったPDFファイルをそのまま送っています。PDFファイルには、図の品質が解像度によらないという利点があります（どんなに拡大してもガタガタにならない）。したがって雑誌を作る出版社も、図をどんなレイアウトに入れたとしても、まったく品質を落とさずにすむわけです。もし雑誌に載った自分の論文の図の品質が低かったとしても、悪いのは自分じゃない、出版社側の作業が原因だ！ってことがわかるわけです。

最後に、Rでやることはすべて、簡単に書いて保存できるということです。これをスクリプトと呼びます。スクリプトは解析作業の記録とも言えますが、これはいつまでも何度でも使え、自由に説明を記入でき、クロスプラットフォームで、誰でも見られるし使えるものなのです。観測結果の生データや実験ノートのデータをRに取り込むときから、図を作って解析作業を終えるまで、すべての作業を1つのスクリプトに入れることができます。これは安全で、再現性があり、また十分なドキュメントを備えたものになります。

まるで魔法みたいでしょう？Rを学ぶことには十分な価値があります。さあ、はじめましょう！

この本のアップデート

RStudioは今も活発に開発が続いているので、自分のパソコンで表示されるものが、この本のものと少し異なることはあり得ます。たとえば、この本の英語原著の印刷がはじまったすぐ後に、RStudioでデータの取り込み方法が新しく変わりました。その他にも変更点がありますが、それらについてはこの本のウェブサイト`http://r4all.org/books`に載せています。

謝辞

まず著者の妻たち、ソフィー、アマンダ、サラへ、あらゆる面において感謝したいと思います。ここ数年で彼女たちもRに詳しくなってしまいました。またオックスフォード大学出版局のイアン・シャーマンとルーシー・ナッシュには、いろいろなアドバイスだけでなく、サポート、応援もいただきました。ダグラス・メーキソンの素晴らしい校正、それに何度も我慢強く「最終校正」をやってくれたフィリップ・アレクサンダーにも感謝を捧げます。

第1章

Rと仲よくなろう

1.1 はじめてみる

Rの使い方を学ぶとき、一番のハードルとなるのは、Rをダウンロード、インストールして、自分のパソコンでの動作を把握するところです。Rはクロスプラットフォームなので、MacでもWindowsでもLinuxでも使えますが、それぞれのプラットフォームの間には微妙な違いがいまだに残っています。ただ、ありがたいことに、RStudioという新しいアプリを利用すれば、どのプラットフォームでもほぼ同じように使えるようになりました。この章では、RとRStudioのダウンロードとインストール、それぞれの手順の意味、RとRStudioを使う上での様々な側面を紹介します。

この章を読めば、Rが（無茶を言わなければ）みなさんの命じた通りに動作する大きな電卓であることがわかるでしょう。さらに、デフォルトでインストールされるツール群と後から追加する外部パッケージによって、Rがどのように動作するのか学ぶ中で、Rが世界中に広く普及しており、使って楽しい統計解析とグラフィクスのツールであることも理解できると思います。RとRStudioを使うことが、苦にならなくなるはずです。

まず最初に、RとRStudioのダウンロードとインストールについて説明します。そんなのわかりきってるよ、と思うかもしれませんが、これまでの経験上、いくつかのポイントでちょっとしたアドバイスがあって助かった、という人は案外たくさんいます。

1.2 まずはRをインストールする

ここでは、みなさんのパソコンにRがまだインストールされていないものとします。RはMacでもWindowsでもLinuxでも動きます。Rをダウンロードするのは、Rのホームページr-project.orgのトップページからではなく、CRAN（クラン。Comprehensive R Archive Network、cran.r-project.org）からです（図1.1）。

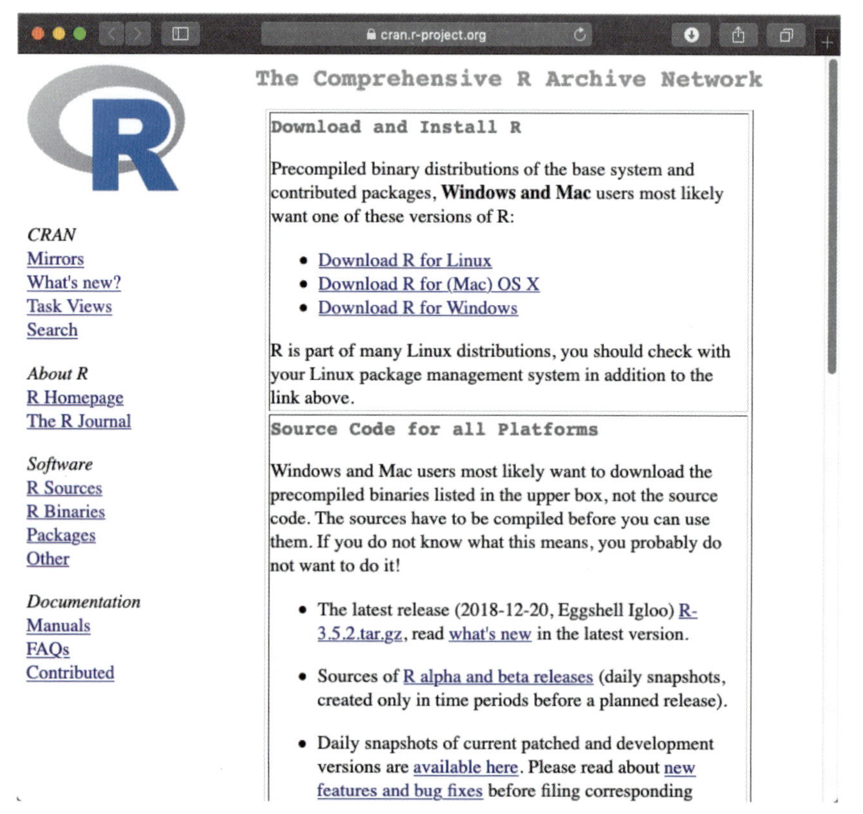

図1.1　CRANのウェブサイトのトップページ。ここからRのダウンロードリンクのあるページに進んでください。

CRANのトップページの一番上のボックス内には、3つのメジャーなOSごとのリンクがあります。使用するパソコンのOSのリンクをクリックしてください。前書きでも触れましたが、Rの使用にはライセンス承諾も利用登録もいりません。

ここで、この先、何回も登場する大事なアドバイスを述べておきます。それは「説明を読め」ということです。ダウンロードのしかたもインストールのしかたも、ウェブページ内に書いてあります（英語ですけど）。左側のメニューの下方には、「FAQ」（「よくある質問」のこと。Frequently Asked Question）と書かれたりンクがあるので、これも見てみるとよいでしょう。Rが登場してからだいぶ長いこと経ちますが、たとえば「Rってどうやって動かすの？」など、（みなさんのような）はじめてRに触れた人がいつもたずねる質問があります。FAQには、そんな10年間以上のよくある質問への回答がまとめられています。

1.2.1　Linux

「Download R for Linux」というリンクをクリックすると、Linux/Unixの種類（ディストリビューション）の名前がついたフォルダがいくつか表示されます。これらのフォルダをクリックすると、インストール方法などの説明が表示されます（訳注：READMEというファイルへのリンクがあったら、それが説明書です）。この本では、Linux版のRを使う人は、それらの説明を読んで理解し、実際に操作できるだけの知識があるもの、として話を進めます。

1.2.2　Windows

「Download R for Windows」というリンクをクリックすると、いくつかリンクが出てきますが、みなさんが進むべきは「base」です。これをクリックすると、Rをダウンロードできるページに移動します（図1.2）。このページには、上述の「R FAQ」と、それとは別の「R Windows FAQ」（Windows版Rに特化したFAQ）へのリンクがありますが、これらも確認しておきましょう。役に立つ情報が山のようにあります。Windows NT、Vista、8、10など、Windowsの種類別の情報も記載されています。

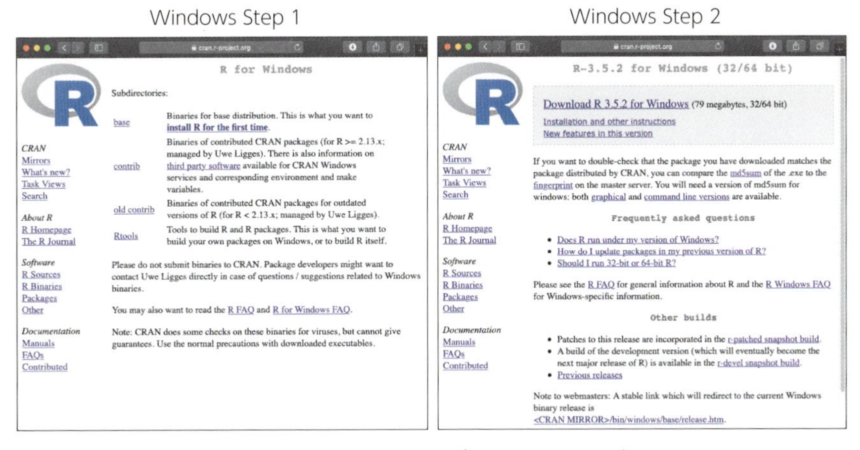

図1.2　二段構えになっているWindows版Rのダウンロードページ。

1.2.3　Mac

「Download R for (Mac) OS X」というリンクをクリックすると、Mac用のRのダウンロードページに移動します（図1.3）。よっぽどの年代物のMacでなければ、「Latest Release」のすぐ下のリンクを選択すればよいでしょう。ここからmacOSの最近のリリースに対応した .dmg形式のインストーラがダウンロードできます。このインストーラを使えば、必要なファイルがすべて正しくインストールされます。なお、このリンクのすぐ右下に、XQuartz（Unixで使われるX11ウィンドウシステムのmacOS版）のダウンロードページへのリンクがあります。これがなくてもRは問題なく使えますが、できればインストールしておくとよいでしょう（図1.3）。Windows同様、下の方に「R FAQ」と「R for Mac OS X FAQ」（Mac版Rに特化したFAQ）へのリンクもあります。ありがたいですね。

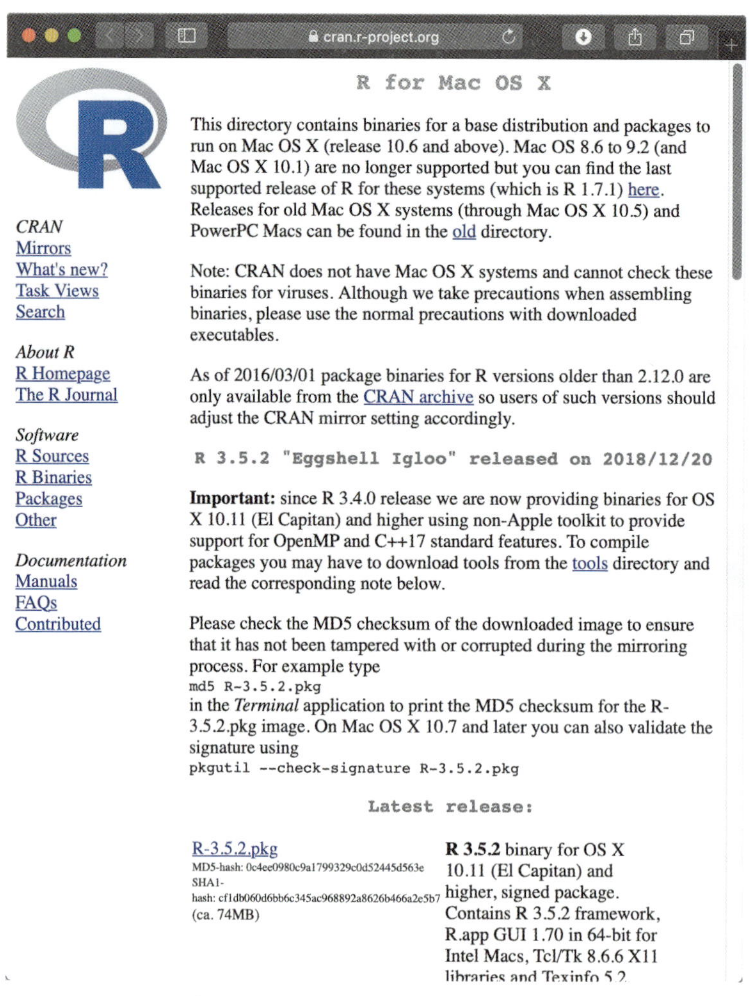

図1.3　Mac版Rのダウンロードページ。

1.3 RStudioをインストールする

ここまでで、Rをダウンロードしてインストールできましたよね？はい、よくできました。ただし、この本ではRを直接起動して使うわけではありません。私たちはこれまでの経験から、Rと同様にフリー（無料で自由に使える）でクロスプラットフォームの**RStudio**というソフトウェアからRを使うのがよいと考えています。RStudioを使えばRの操作が楽に、気持ちよく行えます。データの読み込みも簡単で、どのプラットフォームでも同じ画面表示、同じ使い方に統一されており、Rに対するみなさんの指示を記録し、実行するのが非常に楽になります。本当にまるで魔法のようだと思うでしょう。

Rは、RStudioから使うことを強くお勧めします（私たち自身、研究でも講義でもRStudioを使っています）。RStudioのウェブサイト`https://www.rstudio.com/`には、RStudioとは何か？について全部書いてあります（図1.4）。`https://www.rstudio.com/products/rstudio/download/`からダウンロードして、インストールしましょう。（訳註：現在はこのアドレスからhttps://posit.co/download/rstudio-desktop/にリダイレクトされます。そのページの「Step 1」にRを、「Step 2」にRStudioをダウンロードするボタンがあります。）

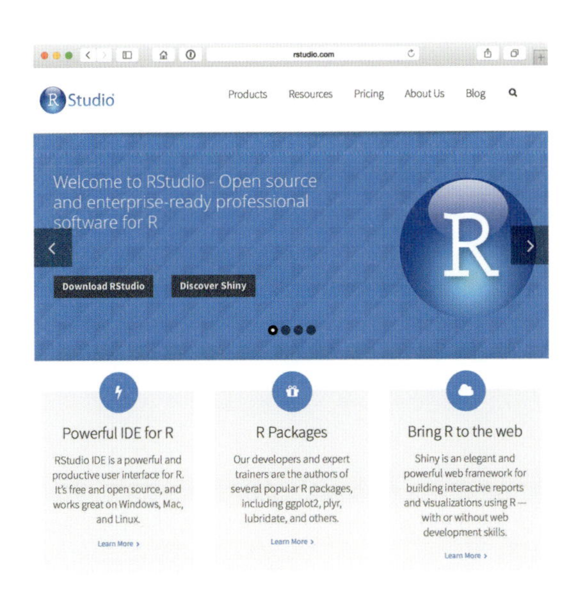

図1.4 RStudioのウェブサイトのトップページ。ここにダウンロードのリンクがあります（先にR本体をCRANからダウンロードしてインストールしておく必要があります）。

1.4　どこからはじめるか

RとRStudioをインストールしたら、準備完了です。実際に起動して操作するのはRStudioです。RStudioはインストール時に、みなさんのパソコンのどこにR本体があるのかを調べて、**それを覚えています**。なので、みなさんはRそのものを起動できなくても構いません。RStudioを起動するだけでOKです。

さぁ、RStudioを起動してみましょう。インストールしたアプリケーションがどこにあるのかは、OSごとに異なるので詳しくは説明しません。Windowsならスタートメニューの中を、Macならアプリケーションフォルダの中を探してください。もしかしたら、デスクトップかドックにRStudioのアイコンがあるかもしれません。見つけたら起動してください。できましたか？素晴らしい！パソコンでのソフトウェアの起動方法をマスターしてますね！

たまに、RStudioではなく、Rを直接起動してしまう人もいますが、アイコンをよく見てみましょう。RStudioのアイコンは、Rのものとは違います。ちゃんとRStudioの方を選んで起動しましょう（図1.5）。起動すると、3つの部分（ここでは**パネル**と呼ぶことにします）からなる大きなウィンドウが表示されます（図1.6。インストールして最初に起動したときの状態です）[注1]。それぞれを見てみましょう。

図1.5　RのアイコンとRStudioのアイコンは少し違います。しっかり見分けてRStudioの方を起動しましょう。

注1　以前にRStudioを使用した経験がある場合、パネルが4つ表示されることがあります。その場合、以降の手順では、左下の**コンソール**パネルを使います。

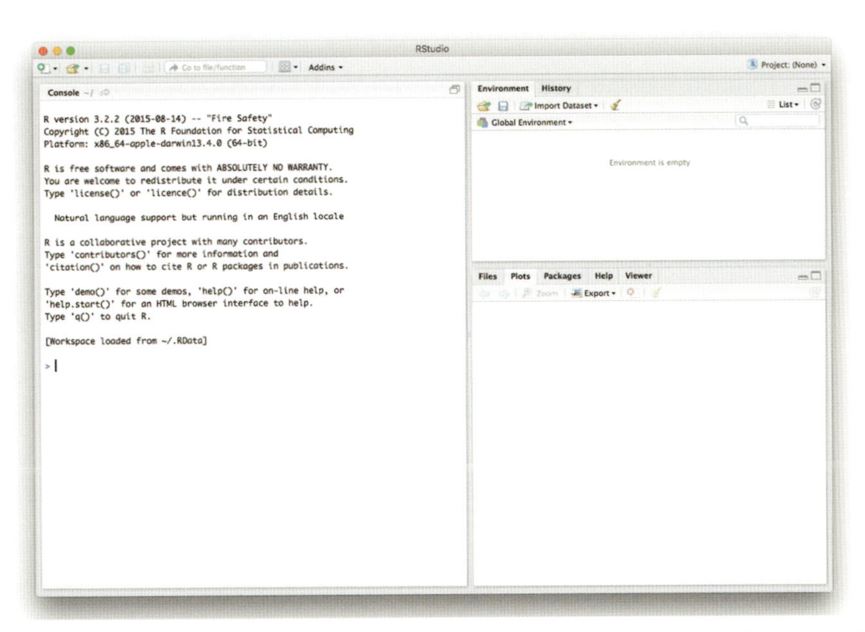

図1.6 RStudioを最初に起動したときに表示されるウィンドウ。3つのパネルがあります。左半分は**コンソール**で、右上のパネルにはタブが2つあり（訳注：現バージョンv1.1.463では［Connection］を含めて3つのタブがあります）、それぞれ［Environment］と［History］とタイトルが付いています。右下のパネルには［Files］、［Plots］、［Packages］、［Help］、［Viewer］の5つのタブがあります。それぞれの詳細は、本文を参照してください。

大きなウィンドウの左半分は、**コンソール**と呼ばれるパネルで、ここでRの実際の機能や動作を直接見ることができます。Rを直接操作するときは、このパネルで行います。そうすると、Rの中にいる2進数で話す賢い小人さんたちが操作を受け取って、仕事の結果をコンソールに表示します。ここがRの頭脳であり意思であり、実働するエンジンなのです。

右上のパネルには［Environment］と［History］（と［Connetion］、これは外部のデータベースサーバーと接続して、その中を直接見るためのタブです）のタブがあります。［Environment］タブをクリックすると、データセットや統計モデルなど、Rが中に持っているもののリストが表示されます。起動したすぐ後は空っぽですが、使いはじめるとあっという間に埋まっていきます。このタブで重要なのは、［Import Dataset］というボタンです（訳注：右下のパネルの［Files］タブでも出てきます）。第3章では、このボタンをたくさん使います。［History］タブには、これまでの操作が並びます。

右下のパネルには［Files］、［Plots］、［Packages］、［Help］、［Viewer］の5つのタブがあり、おおよそ、それぞれの名前の通りの機能を持ちます。これらに何が表示されるかを知りたいときは、いろいろなタイミングでタブをクリックして見てみるとよいでしょう。Rを直接使っているときにはちょっと面倒なことが、

RStudioならこのパネルで簡単にできます。

RStudioを起動すると、コンソールに何やらいろいろ、Rがオープンソースであることなどが表示されますが、まず大事なのは一番下の>記号と、その後ろで点滅しているカーソル（訳注：点滅していないかもしれません。見た目は縦棒です）です。これを**プロンプト**と呼びます。

このプロンプトのところにだけ、Rに対する操作を入力できます。では、Rに対するみなさんの人生で初の命令を入力してみましょう。コンソールパネルのどこかをクリックして、`1 + 1`と入力し、エンターキーかリターンキーを押してください。こんな感じに表示されるでしょう（##は表示されません。これは本書の紙面上で、Rの出力であることをわかりやすく示すために入れています）。

```
1 + 1

## [1] 2
```

ここでのRに対する入力は、「1に1を加えると何になるか、差し支えなければお教え願えないでしょうか？」ということです。それに対するRの回答は

[1] 2

です。これの意味するところは、計算結果の最初の部分（この場合はそれで全部ですが）が2である、ということです。答えは2という数値1つなので、Rの出力の最初の部分であることを示す[1]（角括弧でくくられた1）は、なくても全然困らないわけですが、計算によってはたくさんの数値が一度に表示されることもあるので、そのためにいつもこれが出てくるのです（訳注：答えとしてたくさんの数値が出てくるときは、[1]のすぐ右が1番目だよ、という意味です）。

Rの出した答えの後は改行されて、プロンプトが表示されます。次の命令を受ける準備ができたよ、ということです。

1.5　とりあえずデカい電卓として使ってみよう

1足す1以外にRには何ができると思いますか？みなさんのパソコンをそのまま大きな電卓として使うことができます。Rは統計解析のできるソフトウェアなので、もちろん割り算、掛け算、足し算、引き算ができ、その際ちゃんと、乗除算を加減算より優先して計算します。べき乗も対数も、三角関数も計算できるし、連立微分方程式を解くこともできます。他にも多くの計算ができますが、ここではシンプルな例をやってみましょう。下の例をコンソールに入力してみてくださ

い。入力の各行の最後にエンターキーかリターンキーを押せば、Rが答えてくれます。

```
2 * 4
## [1] 8
3/8
## [1] 0.375
11.75 - 4.813
## [1] 6.937
10^2
## [1] 100
log(10)
## [1] 2.302585
log10(10)
## [1] 1
sin(2 * pi)
## [1] -2.449294e-16
7 < 10
## [1] TRUE
```

(この本のコード例では、Rからの返答にはこのように先頭に##を追加しています。これを入力する必要はありません。)

どうですか、これは便利ですよね。ただRのデフォルトの動作は、Excelなどの他の統計解析に使われるソフトウェアとちょっと違うところがあります。以下の点を押さえておきましょう。

- 対数のことを知っていると、`log(10)`の答えが2.3になるのがおかしい、と思うかもしれません。Rでは`log(x)`はxの自然対数の値になります。底が10の常用対数ではありません。他のソフトウェアでは、自然対数はたとえば`ln()`だったりします。常用対数はRでは`log10(x)`です。なので`log10(10) = 1`になります。底が2の対数は`log2(x)`で計算できます。
- 正弦の三角関数`sin()`には、ラジアンで角度を指定します。度ではありません。なので、ぐるっと一周する角度は360°ではなく、2πラジアンで指定します。
- Rには、円周率πなどの定数があらかじめ、たくさん用意されています。
- `sin(2*pi)`は理論的には0になりますが、Rに計算させると、ほとんど0だけどわずかに0からずれた値が表示されます。パソコンではときどき、こういうわけのわからない答えが出てきます。Rを作っている人たちはパソコンの内部構造をよく知っているので、こういうことが起こらないような三角関数を別に用意しています。`sinpi()`は、指定された値にπをかけた角度の正弦値を表示します。これで`sinpi(2)`とやると、ちゃんと0になります。

- この本に載せたRへの入力では、たまに空白文字があったりなかったりします（たとえば`pi`の横に空白文字がないことなど）。空白を入れても問題ありません。Rは不要な空白文字は自動的に無視します。実質的に、ほぼすべての空白文字（スペース、改行、タブ）が無視されます。
- 先ほどの例の最後では「7は10より小さいか?」とRに質問して、答えがTRUEと表示されています。この小なり記号`<`は「論理演算子」と呼ばれるものの1つで、他に`==`（同じか）、`!=`（違うか）、`>`（左辺の値は右辺より大きいか）、`<=`（左辺は右辺以下か）、`>=`（左辺は右辺以上か）、`|`（両辺のどちらかはTRUEか。大文字のiや小文字のLではありません。縦棒です。）、`&`（両辺がともにTRUEか）などがあります。

入力するときに注意してみると、開き括弧を入力したとき、RStudioが閉じ括弧を自動的に補ってくれるのがわかると思います。細かいことですが、すごく便利です。

ここで新たな概念を紹介しておきましょう。`log10()`や`log()`、`sin()`などは**関数**と呼ばれます。関数って何？というのはBox 1.1で説明しています。興味のある人は読んでみてください。

1.5.1　簡単な例からちょっとずつ

ここまでの例では、どれも答えが1つの数値だけでした。学校でやるような数学の問題というのは、だいたい答えが1つですよね。でもRを使えば、たくさんの答えを一度に計算することができます。たとえばRに「1から10までの整数を並べて見せてもらうことはできるでしょうか？」と聞くことができます。やり方は2通りあります。まず簡単な方から。

```
1:10

## [1] 1 2 3 4 5 6 7 8 9 10
```

Rが返してくれる答えは、10個の整数からなります。10個あるのに、先頭の`[1]`しか出てきません。角括弧の数字は、出力の各行の先頭にしか表示されないようになっているのです。そうでなければ、「2番目の答えは2」（2の前に`[2]`）、「3番目の答えは3」（3の前に`[3]`）といった感じになり、ウザいことこの上ないでしょう。Rは、そんなこといちいち言わなくても、[1] だけ表示すれば後はわかるよね？と思っているのです。上の例は1から10までですが、1から50までにしても簡単に試せます。そうするとコンソールの左端にだけ角括弧で答えの順序が表示されるのを確認できます。

1:10の：は、1から10まで1ずつ増やしていって全部表示する、という意味です。このような連続した数を作るには、もう1つ、Rがあらかじめ持っている関数を使う方法があります。それは、えっと、何でしたっけ……そう！ seq() です。ではここは1つ、ドーンと派手にやってみましょう！

Box 1.1 ところで関数ってなに？

みなさんそろそろ、Rもそれほど難しくないな、と思ってくれているといいんですが、それでも、わからないことがいくつかあるとは思います。関数って何？と思ってる人もいるでしょう。次のページでseq() という関数を紹介しますが（このすぐ下でも出てきます）、このように、Rに何か命令を出して作業をさせるときは、だいたい関数を使います。Rはどんなことでも関数を呼んで実行し、その結果を返すのです。Rでの関数は、英単語かその略か、または複数の英単語を空白を挟まずにつなげたようなものに、開き丸括弧「(」を続け、最後に閉じ丸括弧「)」を付けた形をしています。丸括弧の中に、Rが関数を実行するのに必要な情報を並べます。この並べる情報のことを、**引数**（ひきすう）と言います。変な名前だし妙な読み方ですが、しょうがありません。

引数が複数あるときは、コンマ「,」で区切って並べます。たとえばseq() 関数を使って0から10まで1ずつ増える整数の数列を表示するには、以下のようにします。

```
seq(from = 0, to = 10, by = 1)
```

seq() が関数です。丸括弧の中に、3つの引数が、2つのコンマで区切られて並んでいます（コンマは省略できません）。1番目の引数は数列の最初の数値、2番目は最後の数値を指定しています。3番目が刻み幅（等差数列として見たときの公差）です。

Rで作業をずっと続けていると、Rの中がごちゃごちゃと散らかってきますが、それを掃除するのにも関数を使います。rm() に、引数として関数ls() を指定します。rm() は削除（remove）、ls() は列挙（list）から付いた名前です。この2つの合わせ技で、Rの中身がスッキリきれいに片づきます。

```
rm(list = ls())
```

このコード例は、丸括弧の内側から読んでいくとわかりやすいでしょう。ls() はRの中にあるすべてのオブジェクトを列挙します。rm() は、引数で指定されたオブジェクトのリストを見て、それを全部削除します。「list =」の部分はここではじめて出てきましたが、引数が何のための情報なのかを明示するのに使われています。ここではオブジェクトのリストですよ、と指定しています。ls()は簡単に使える便利な関数です。

この本では多くの関数を紹介し使っていきます。まるで馬車馬のようにRの関数をコキ使うわけです。ここで説明した内容のうち大事なものは、この後も何度か述べます。また、いくつかの内容については、さらに詳しく説明します（たとえばlistのような指定がいるときといらないときがあるのはなぜか、など）。

1.5.2　引数のある関数の使い方

seq()は関数です。Rの関数は、みなさんにより良い人生をもらたす賢者の道具なのです。ただし関数を思い通りに動かすには、引数と呼ばれるものを渡さねばなりません。それほど面倒なことではないので、seq()の使い方を例に見てみましょう。seq()には、引数を3つ渡します。表示する数列の最初の数値と、最後の数値と、刻み幅です（各数値の間の差）。たとえば、こうやります。

```
seq(from = 1, to = 10, by = 1)

## [1]  1  2  3  4  5  6  7  8  9 10
```

この例では、関数を入力することでRに「1ではじまって10で終わり、1ずつ増えていく数列を表示してください」とお願いしています。ここでは*from*、*to*、*by*という3つの引数があります。関数を使うときは、引数の名前を**ちゃんと指定する**ようにしましょう。引数の名前は省略できることもありますが、そのときに引数の順番を間違えたりすると、関数の返す結果がおかしくなったり、赤い文字でエラーが表示されて嫌な思いをすることがあります。

先ほどの結果は、みなさんの予想通りかと思います。この例をよく見ると、引数のコンマの後ろなど、Rへの入力にはところどころ、空白が入れてあるのに気付くかと思います。Rはこれらの空白を無視します。これらはRにとって意味のないもので、なくても何の問題もなく同じ結果になります。コードを見たときにわかりやすくなるように、空白が入れてあるのです。今後、みなさんがコードを書くときにも、それを見る人が理解しやすくなるように、適切な空白を入れてください。みなさんのコードを見る人とは、書いたみなさん自身と、それ以外の人たちの両方です。Rでちゃんと実行できるコードを書くことは難しくありません。それに加えて重要なのは、コードを見る人、とくに学術雑誌に投稿した半年後に、その素晴らしいはずの論文を修正する羽目になった自分にわかりやすいように書くことです。

では上の例をいじって、1刻みではなく、0.5刻みになるようにしてみましょう。

```
seq(from = 1, to = 10, by = 0.5)

## [1] 1.0 1.5 2.0 2.5 3.0 3.5 4.0 4.5 5.0 5.5 6.0
## [12] 6.5 7.0 7.5 8.0 8.5 9.0 9.5 10.0
```

だいたい想像した通りの答えになりましたよね。この例では、2行目の先頭にも答えの番号[12]が表示されています。これのおかげで、2行目の答えの6.5が、全体の中で12番目の答えであることがわかります。ここで、マウスでウィンドウの大きさを変えてコンソールの幅を狭くしてから、同じことをしてみてください。

```
seq(from = 1, to = 10, by = 0.5)

## [1] 1.0 1.5 2.0 2.5 3.0 3.5 4.0
## [8] 4.5 5.0 5.5 6.0 6.5 7.0 7.5
## [15] 8.0 8.5 9.0 9.5 10.0
```

Rへの命令とその答えは何も変わりません。でも答えは3行以上になり、それぞれの行頭に角括弧で答えの番号が示されています。

1.5.3 ここで重要ポイント

ここまで、Rは命令に対する答えをコンソールに表示してきました。Rは表示した答えを覚えているわけではなく、その答えはどこにも保存されていません。したがってこれらの答えは、表示されているのを眺める以外、どうにも使いようがありません。Rの頭の中からは速やかに去ってしまっているし、みなさんの頭の中からも去っていくことでしょう。

ある命令に対する答えを、次の命令で使うことがよくあります。その場合、Rが答えを覚えておくようにすると便利です。それには答えを「**オブジェクトに代入する**」という作業を行います。たとえばこんな感じです。

```
x <- seq(from = 1, to = 10, by = 0.5)
```

この例で注意することは、以下の点でしょう。

- 代入は、代入記号 (<-)、つまり小なり記号の後にマイナス記号を続けたもので行います。左向きの矢印の形を表しているので、右の答えを左のオブジェクトに入れる、と考えるとよいでしょう。
- ここでは、答えをxという名前の何かに入れています。xというのはオブジェクトの名前になります。名前は長くても短くても、何でも好きなもので構いません（正確に言えば、英字ではじまり、空白を挟まずに連続した文字列でなければいけません）。ただ意味のわかりやすいものにするとよいでしょう。オブジェクトの名前は、キーボードから何度も入力する可能性があるので、あまり長すぎず、しかし、できるだけ意味のわかりやすいものがよいと思います。

- エンターキーかリターンキーを押すと、次の行にすぐプロンプトが表示されます。答えは表示されません。代入記号の右側の関数が返す結果はそのまま直接、左側のオブジェクトに入れられるからです。つまりRは、言われたことができたらすぐに、次の命令を行う準備ができたことだけを告げます。うまくできたからと言って「よかったね」「おめでとう」などと声をかけてくれることはありません。こちらが間違えたときにすかさず指摘してくるだけです。まぁ、そういう人なんだな……と思って慣れましょう。

関数の結果をオブジェクトに代入したときは、結果が画面に表示されませんが、後から簡単に見られます。この例では単純にxとだけコンソールに入力してリターンキーを押せば、オブジェクトの中身が表示されます。

```
x

## [1] 1.0 1.5 2.0 2.5 3.0 3.5 4.0 4.5 5.0 5.5 6.0
## [12] 6.5 7.0 7.5 8.0 8.5 9.0 9.5 10.0
```

1.5.4 ベクトルはどうするの？

次に、101から110まで刻み幅0.5で数列を作って、yというオブジェクトに代入してみましょう。そして、xとyを足してみます。なんだ簡単だな……と思うかもしれませんが、まず、どんな結果になるのか考えてから、Rで実際にやってみてください。

だいたい、こんな感じになったはずです。

```
y <- seq(from = 101, to = 110, by = 0.5)
x + y

## [1] 102 103 104 105 106 107 108 109 110 111 112 113
## [13] 114 115 116 117 118 119 120
```

すごいですね！ベクトルの加算ができました（各ベクトルはそれぞれ、数値が並んだものですね)。この例で、Rの秘めたる素晴らしい力が垣間見えます。もう少し、結果をよく見てみましょう。ここでは、Rでベクトルの足し算が正しく行えることが示されています。つまり、19次元のベクトルの各要素ごとに二数の加算が行われて、その結果が1つのベクトルとして表示されているのです。19回の足し算が、1回の命令で行われたわけです。

さてここで、Rの恐るべき力をさらに学ぶ前に、「今後もう**二度と**コンソールに命令を入力することはない」とみなさんに告げねばなりません。いや、正しくいうと、ほとんどない、ですかね……。

1.6 スクリプトを書いてみる

ここまでみなさんは、コンソールに命令を入力して、エンターキーを押して、Rが答えを表示するのを(またはオブジェクトに代入して、オブジェクト名を入力することでその中身を)見てきました。これは、良いやり方ではありません。**やめるべき**なのです。ずっとコンソールから入力する方法でRを使っていたら、いつか大きな厄災に見舞われるでしょう。コンソールは、ヘルプを見るのは楽ですが(後述)、それだけなのです。

Rに何かさせたいときには、コンソールに直接入力する代わりに、コンソールとは別の場所に命令を入力しておきます。そしてそれをコンソールに送り込むことで、ひとっ飛びに実行させます。前書きでも触れたように、Rでは、一連の命令を書いて保存しておくことができます。そして、それがそのまま、解析作業を行う完結したプログラムになります。信じてください。これは誰もがうらやみ望むRの機能です。このような**スクリプト**を作ることによって、**恒久的で、再現性があり、十分な情報と説明を記入でき、共有でき、クロスプラットフォームで利用できる**解析作業記録が手元に残るのです。実験ノートから書き写した生データにはじまり、図を作って解析を行うまでの作業の全体が、**安全で再現性のある1つの場所に、十分な説明を付けて**保存できるのです。この価値はみなさんにもわかると思います。私たちはいつもスクリプトの素晴らしさを実感しています。投稿した論文が雑誌の編集部から突き返されてくるたびにです……。

Rを使うにはスクリプトを利用するのが最適なので、RのWindows版にもMac版にも、またRStudioではすべてのプラットフォームに、スクリプトを書くための**テキストエディタ機能**が備わっています。テキストエディタのパネルはおおよそ、みなさんが文章を書くのに使うワープロアプリのようなものですが、ワープロにはない強力な機能が1つあります。それは、キーボードで特定の組み合わせでキーを押すと、スクリプトに書いたことがコンソールにあっという間に送り込まれ、実行されることです。これはもう、むちゃくちゃ便利です。スクリプトからコンソールにコピー&ペーストで貼り込むなんてことはもう、考えたくなくなります。

1.6.1　スクリプトパネル

上に挙げたもの以外にも、すごい機能が2つあります。RStudioでスクリプトのパネルを出して試してみましょう。スクリプトパネルは、最初は表示されていません。RStudioの大きなウィンドウがパソコンの画面いっぱいに広がっていると思いますが、その左半分を占めるコンソールパネルの右上のあたりを見てください。2つの四角形が重なっている図柄がありますよね？これを押しましょう。突然魔法の光が輝き（冗談です。でも実生活でも、魔法がほしくなることってありますよね……）、ウィンドウの左半分は上下に分割されました。上側が**スクリプト**パネルです（図1.7）。これからはRStudioを起動すると、パネルが3つではなく4つある、この状態になります。

RStudioのテキストエディタには、Rを使う他のアプリには**あまりない**便利な機能がいくつかあります。新しいスクリプトを作成して、試してみましょう。新しくスクリプトを開くには、メニューから［File］→［New File］→［R Script］の順にクリックするか、スクリプトツールバーの左上にある、緑の丸に白十字がついたドキュメントのアイコンをクリックし、出てきたドロップダウンメニューの［R Script］をクリックします。

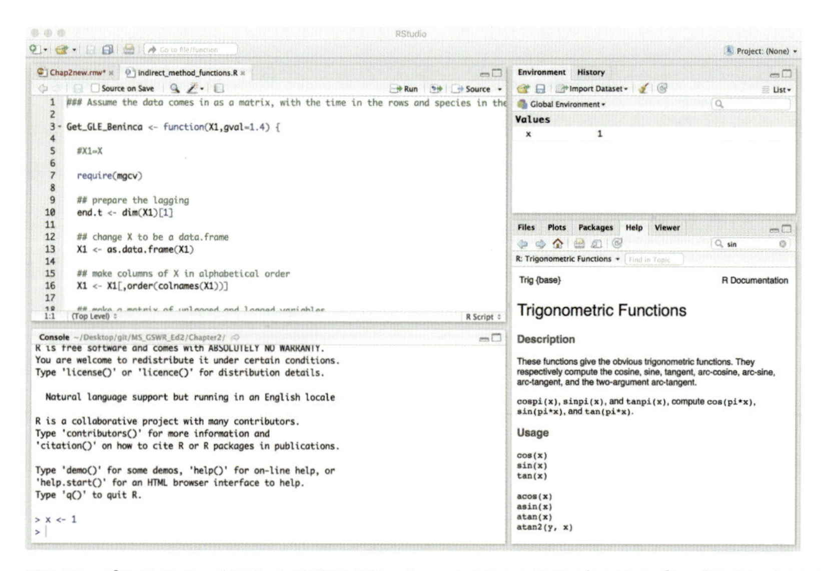

図1.7　パネルを4つ表示した状態のRStudio。左側の上半分がスクリプトパネルになりました。

これで、Rに対する命令を書きとめる場所（そして保存する場所）ができました。ではまず最初に、#を書き入れましょう。これは特別な意味のある記号で、ハッシュ記号と呼ばれます。#は特殊文字です。まず何より、キーボードのどこを押せば入力できるか探す必要があります。ヨーロッパ仕様のキーボード、特にMac用のものでは、すぐにはわからないかもしれません。キーボードに書いてなかったら、数字の3と何かを組み合わせるとうまくいくことがあります（たとえばMacではShift＋3のことが多いように思います）。3は£記号を兼ねていることもあります。またアメリカの一部などでは#を「ポンド記号」と呼ぶこともあります（訳注：日本では井桁（いげた）記号、シャープ記号、あるいは番号記号などとも呼ばれます）。

Rへの命令で#記号を書くと、その行の#よりも右側の部分は、Rには入力されないという意味になります。これを**コメント**、あるいは注釈と呼び、スクリプトを書いているみなさん自身のために記述するものです。スクリプトのはじめには、そのスクリプトを書く人の名前、日付などの情報を書くようにするとよいでしょう。たとえばこんな感じです（訳注：RStudioではスクリプトやデータの文字コードが全部UTF-8になるように注意を払えば、日本語も問題なくコメントに使えますが、私の経験では、ときどきそれを忘れて文字化けするので、半角英数字だけを使うのが無難だと思います）。

```
# Amazing R. User (your name) 12 January, 2021 This script is
# for the analysis of coffee consumption and burger eating
```

コメントは文字が黒くならないのに気付いた人もいると思います（多くの場合は緑でしょう）。これが便利なのです。実際に試しながら考えてみましょう。次に、スクリプトに以下の2行を追加してみてください。

```
# clear R's brain
rm(list = ls())
```

この一見なんてことない簡単な2行は、非常に重要です。みなさんがこれからの研究活動でスクリプトを書くとき、必ず先頭に入れるようにするとよいでしょう。これはRの中身をスッキリ掃除する命令です。Rで何か作業をはじめるときは、それまでの作業でできたオブジェクトが誤って残ったりしないよう、きれいに削除するべきです。たとえば何らかの生物種で個体の大きさを測定したデータが2セットあり、どちらのデータセットでも測定値をbody_sizeという名前にしていたとします。ごく普通の作業の流れですよね。そして一方のデータセットの解析を終えて、もう一方に取りかかったとき、2つ目の解析の前にRの中のオブジェクトを全部削除しておけば、うっかりまちがったbody_sizeデータを使ってしまうというミスを予防できるわけです。

このお掃除の後にコメントを追加してから、さらにいろいろな計算をRに実行させてみましょう。

```
# Amazing R. User (your name)
# 12 January, 2021
# This script is for the analysis of coffee consumption and
# burger eating

# Clear R's brain
rm(list = ls())

# Some interesting maths in R
1 + 1
2 * 4
3 / 8
11.75 - 4.813
10^2
log(10) # remember that log is natural in R!
log10(10)
sin(2*pi)
x <- seq(1, 10, 0.5)
y <- seq(101, 110, 0.5)
x + y
```

この例では、以下の点を押さえておくとよいでしょう。

- 最初の4行は、行頭がハッシュ記号#なので、行全体がコメントになっています。行の中で#より後ろの部分は、Rは入力として受け取りません。「Amazing R. User (your name)」の部分は、Rは読みもしません。読んだところで、そうだ、Rって素晴らしいじゃないか！などと喜ぶわけでもないので、それでいいのです。#はつまり、そこは人間のために書いてある部分だ、という意味になります。
- スクリプトには、Rに対する命令（とコメント）だけしか書いてありません。Rが出す答えはこの中にはありません。答えを得るには、スクリプトをRに実行させる必要があります。
- 7行目（空行も1行と数えて）は、非常に重要で、どんなスクリプトを書くときにも入れるべき命令です……って、さっき言いましたっけ。
- このスクリプトでは、文字の色が少なくとも4色使われています。これはシンタックスハイライトと呼ばれる機能で、どこがコメントで、Rに対する命令のどこが関数か、数値なのか、などの見分けがつきやすくなります。

- スクリプトを入力中、よく見ていると、開き括弧を入力したときRStudioが自動的に閉じ括弧を入力してくれるのがわかると思います。開くものを入れたら、閉じるものを入れてくれます。超便利です。
- 最初のコメント行からお掃除命令（7行目）までの間に、何も書いてない行があります。お掃除の後にもあります。こういった空行をコメント行と命令の間などに入れると、スクリプト全体が見やすくなるので、習慣にするとよいでしょう（訳注：スクリプト全体を、作業ステップごとにブロックに分けて見えるようにする、ということです。Rの動作は空行がいくらあってもまったく変わりません）。

スクリプトパネルのタブを見ると、［Untitled1］と表示されています。文字の色は何ですか？**赤**ですよね。赤い文字は多くの場合、警告、あるいは危険を表します。これは、みなさんが書いたスクリプトがまだどこにも保存されていないことを警告しています。さあ、適切なフォルダに保存しましょう。メニューから［File］→［Save］を選択する方法と、Ctrl + S（Windows版）かCmd + S（Mac版）をキーボードで押す方法があります。このとき、スクリプトの名前が必要です。わかりやすい名前を付けて、大事に取っておきましょう。せっかくここまで一生懸命やってきた成果ですしね。

保存できましたね？よかった。危機は去りました。もう大丈夫。次のステップは、もうちょっと面白いですよ。

1.6.2　Rに仕事をしてもらうには？

RStudioには、スクリプトエディタ（送信元、ソース）に入力した内容をコンソールで簡単に実行する方法が用意されています。これをもっとも面倒くさくやる方法が、マウスやキーボードでスクリプト中の命令の部分を選択し、コピーして、コンソールの中のどこかをクリックして、命令をペーストし、そこでエンターキーを押して実行することです。あぁ面倒くさい……。

しかし、それに変わる魔法があります。超簡単で、楽で、手早くて、気分まで楽しくなってくる方法です。それは、スクリプト中の実行させたい命令の行のどこかをクリックし（行全体を選択する必要はありません）、キーボードショートカットをたたくだけ、MacならCmd＋エンターかCtrl＋エンター、WindowsならCtrl＋エンターです。その瞬間、選んだ行がコンソールに現れ、実行されるのがわかります。すごいですよね！

どうしてもマウスが使いたいなら、RStudioのスクリプトパネルの右上にある、そのままズバリRun（実行）と書かれた［Run］ボタンを押してください。でも、キーボードショートカットの方が手っ取り早いと思います。RStudioのメニューから［Code］と［View］を開くと、いろんなショートカットが載っています（図1.8）。RStudioのウェブページにも載っています（「RStudio keyboard shortcut」で検索するとよいでしょう。たぶん公式ページが先頭に出てくると思います）。

スクリプトパネルで複数の行を選択した状態でキーボードショートカットを押すと、選択した部分をまとめて一度にコンソールに送って実行できます。スクリプトやファイルの中を全部選択したいときは、Cmd + a（Mac）かCtrl + a（Windows）を押します。その状態でキーボードショートカットを押せば、全部一度に実行できます。

スクリプトの内容をコンソールで実行するときには、どうか、必ず、いつも、キーボードショートカットを使うようにしてください。スクリプトからコンソールにコピペしている自分に気付いたときは、悲しむべきです。どん底の気分です。せっかく覚えた魔法をみずから捨てているのです。

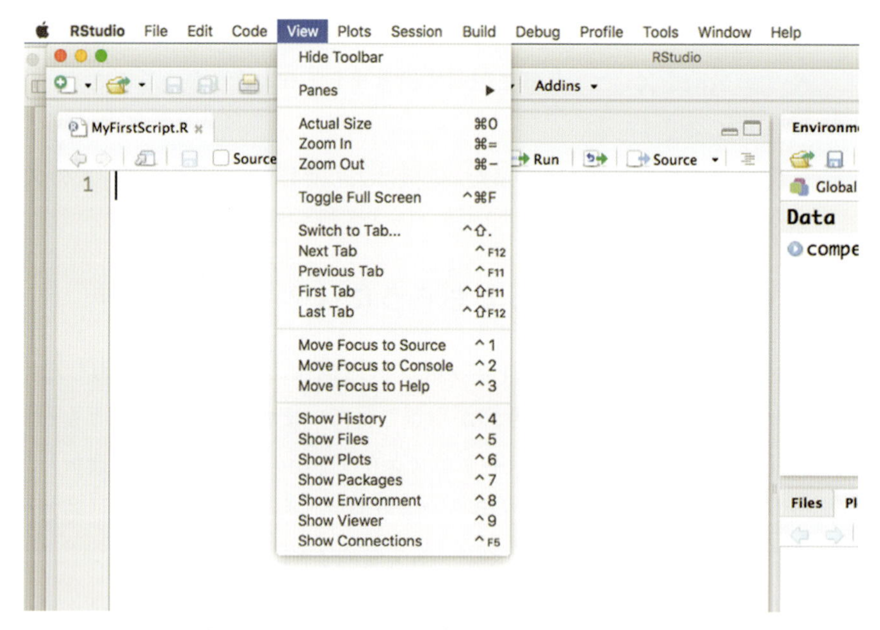

図1.8　RStudioの［View］メニュー。キーボードショートカットがたくさん表示されています。［Code］メニューの方も見てみましょう。

1.6.3　魔法の技はまだ2つもある

キーボードショートカットでの命令実行に加え、RStudioの魔法をもう2つ紹介します。まずコンソールをクリックしてください。プロンプトのところでカーソルが点滅していますね？そこでCtrl＋1を押してください。カーソルがまだ見えますか？スクリプトパネルに移動したのに気付きましたか？では今度はCtrl＋2を押してください。カーソルは戻ってきましたか？素晴らしいですね！スクリプトとコンソールを行き来するときは、この技が便利でしょう。［View］メニューを見れば、Ctrl＋1：9を押したときにどうなるかわかります（図1.8）（訳注：Macでは、Ctrl＋1やCtrl＋2でデスクトップが切り替わるようになっていることがあります。これは、［システム環境設定］→［キーボード］→［ショートカット］→［Mission Control］で［デスクトップ1へ切り換え］などのチェックを外せばなくなります）。

もう1つの魔法は［Tools］メニューにあります。［Tools］→［Global Options］に進んで、出てきたウィンドウの［Appearance］をクリックしてください。ほら、面白そうでしょう？フォントも好きに選べるし色も変えられます。前にスクリプトは「少なくとも」4色だと言いましたが、色自体はもっとあるのです。また［Editor theme］では、いろんなテーマをクリックしてみると楽しいと思います。著者の1人はTommorow Night 80'sがお気に入りです。何か気に入ったのがあれば、［Apply］そして［OK］をクリックすれば適用されます。まぁ、好きにいじっていいのは、ここくらいしかないんですけどね……。

1.7 総まとめ（ここまでの）

ここまで来たら、Rとうまく付き合うための道具はもう持っていることになります。RStudioと仲良く時を過ごして、自分のものにできてきたと思います。逆にRStudioに振り回されることのないよう、ちゃんと管理、監督してください。スクリプトの強力さもわかったと思います。くどいようですが、スクリプトの重要さは強調しすぎることがありません。スクリプトを作ることで、**恒久的で、再現性があり、十分な情報と説明を記入でき、共有でき、クロスプラットフォームで利用できる**解析作業記録が手元に残るのです。実験ノートから書き写した生データにはじまり、図を作って解析を行うまでの作業の全体が、**安全で再現性のある1つの場所に、十分な説明を付けて**整理できるのです。

1.8 大事なのはパッケージ

Rには、様々な機能を持つ**パッケージ**があります。各パッケージは何らかのテーマを持っていて、たとえばstatsパッケージには、よく使われる統計解析を行う関数が、graphicsパッケージには、プロットに関する関数が用意されています。

Rをダウンロードしてインストールすると、**base**というパッケージ群が自動的にインストールされます。これらはIT業界で言うところの「枯れた」（訳注：長く使われていて、バグが少なく、動作が安定している）パッケージで、誰もが使う統計解析やプロットの機能があります。Rで使えるすべてのパッケージ群からごく一部を取り出したサブセットがbaseパッケージだとも言えます。この本を書いている現在、Rで使えるパッケージは8000以上あります（訳注：いま見たら13000以上に増えてました）。base以外のパッケージは、CRANからダウンロードしてきて、自分のパソコンでRに追加することから、**追加パッケージ**（アドオン、add-on）と呼ばれます。

パッケージを追加する方法はいくつかありますが、RStudioに便利な機能があるので、この本ではそれを使うことにします。右下のパネルに［Packages］というタブがあります。それをクリックすると、左上部に［Install］というボタンが出てきます。そのボタンをクリックすると小さなウィンドウが出てきて、そこでは［Install from:］と［Packages］と［Install to Library］の3つを指定できます。普通は［Packages］だけちゃんと指定していれば十分で、他の2つはデフォルトのままにしておけばよいでしょう。

［Packages］のところに、インストールしたいパッケージの名前の最初に何文字かを入力していくと（たとえば**dplyr**とか）、RStudioが自動的に、それに一致するパッケージのリストを表示します。そこでほしいパッケージをクリックすれば、その名前が入力できます。また、パッケージの名前をコンマか空白で区切って並べれば、一度に複数インストールできます。パッケージ名を入れ終わったら、［Install］ボタンをクリックしてください。後のインストール作業は全部RStudioが、その魔法で片づけてくれます。

では、やってみましょう。この本では、2つの追加パッケージを使いまくることにしています。**dplyr**と**ggplot2**です。みなさんのパソコンのRに、この2つをインストールしてください。上に書いた通りにやればできるでしょう。そんなに難しくないはずです。インストールできたら、コンソールを見てください。インストールがうまくいった場合、RStudioがみなさんの要求に応えて実行したことは、単に`install.packages()`という関数をコンソールに送っただけということがわかるでしょう。

1.8.1　追加パッケージの関数を実際に使うには

追加パッケージは、インストールしただけでは使えるようになっていません。使うには、Rの頭の中に読み込むという作業が必要です。これは電話でたとえるのがよいかもしれません（電話といってもスマホです。スマホをお持ちでない方、すみません)。何かアプリをダウンロードするとき、アプリストアかどこかから自分のスマホにダウンロードしますが、これがRにdplyrとggplot2をインストールすることに相当します。R用のアプリストアがCRANです。

しかし、スマホ同様、ダウンロードしただけでアプリが起動するわけではありません。アプリのアイコンの上に指を持っていって、タッチして起動する必要があります。このアイコンをタッチする動作が、Rでは、library()関数を呼ぶという動作になります。もうdplyrとggplot2はインストールしましたよね。では下の例のようにスクリプトにlibrary()の行を2行追加して、この2つのパッケージを使えるようにしましょう！（訳注：今は“library(tidyverse)”の1行だけで済みます。こっちの方がお勧めです。）

```
# Amazing R. User (your name)
# 12 January, 2021
# This script is for the analysis of coffee consumption and
# burger eating

# make these packages and their associated functions
# available to use in this script
library(dplyr)
library(ggplot2)

# clear R's brain
rm(list = ls())

# Some interesting maths in R
1+1
2*4
3/8
11.75 - 4.813
10^2
log(10)
log10(10)
sin(2*pi)
x <- seq(1, 10, 0.5)
y <- seq(101, 110, 0.5)
x+y
```

- **コツその1**：library()関数は、スクリプトの最初に書きましょう。パッケージが複数なら、まとめて最初に置いておきます。このスクリプトを他のパソコンで使いたいとき、みなさんや他の人が、何を追加でインストールしたらよいか、一目でわかるからです。

- **コツその2**：スマホ同様、**インストール**作業自体は一度行えば十分で、Rを起動するたびに毎回行う必要はありません。パッケージはインストールしたら、明示的に削除するか、新しいバージョンのRをインストールするまでパソコンの中に保存されているので、いつでも読み込めます。
- **コツその3**：お掃除命令`rm(list=ls())`は、パッケージを削除するわけではありません（この例では`library()`を2回呼んだ後に置いています）。お掃除命令は、みなさんが代入`<-`で作ったオブジェクトを削除するだけです。なので`library()`の後に置いても問題ないのです。

1.9　いつでもヘルプ

もうそろそろ、RとRStudioで何でも自由にできる気がしてきたことでしょう。でも、ヘルプの見方はわかりますか？（訳注：Rの使い方をすべて覚えるのは到底無理なので、私はヘルプを見ながら作業をするのが日常です。ヘルプが日本語だったらいいのになぁ、と毎日思っています）。

昔ながらのやり方としては、コンソールで「?関数名」と入力する方法があります。こうすると、新しいウィンドウが開いて、その中に関数の使い方などの説明が表示されます。たとえば「`?read.csv()`」とやれば、`read.csv()`関数の説明が見られます。Box 1.2で、`seq()`関数を例に、ヘルプの見方を説明しています。ただし、これを見ても、わかりやすいとは思えないかもしれません。ヘルプはまったく無駄のない、完璧な解説を目指したものであり、わかりやすさを重視しているとは言えません。でも何度も見て慣れてくると、非常に有用であることがわかります。時間のあるときに、よく見てみてください。

ヘルプを見る方法は他にもあります。普段からみなさんのいい友人であるGoogleは、ここでも手助けしてくれます。調べたいものの後に「R」を並べて検索すれば、たいてい何か情報が見つかるんじゃないかと思います。たとえば「how to make a scatterplot R」で検索してみてください（訳注：または「散布図の作り方 R」など、日本語でも参考になるページが出てきます）。山のように出てくるウェブサイトのうち、役に立つのはたいてい上の方にあるいくつかだけですが、そのうちのどれを見るかは迷うかもしれません。

もう少し探しやすいのが、Stack OverflowのRのチャンネルか（`http://stackoverflow.com/tags/r/info`）か、RSeek（`rseek.org`）でしょう。そこでも結局はGoogleの検索結果を使ってはいますが、たとえばRSeekではPackage、Functionでフィルタリングできます。またStack Overflowでは検索キーワードにPackageなどを加えるといいでしょう。

また、チートシートも便利です。チートシートとは、よく使われる関数や動作をぎっしりコンパクトにまとめた一覧表のことです。たとえば、RStudioのサイトには様々な作業目的ごとに多くのチートシートがあり、どれも非常に見やすくできています（https://www.RStudio.com/resources/cheatsheets/を参照。RStudioの［Help］メニューからでもアクセスできます）。「Data Transformation with dplyr」（データ変換/整形）あるいは「Data Visualization」（データ可視化）のチートシートも役に立つでしょう。そしてもちろん、RStudioの操作そのもののチートシートも見るべきです。私たちは印刷してラミネート加工して、いつでも手に取って見られるようにしています。家族からは「また変なことしてるな」と思われているでしょうが、気にしていません。まぁ自分でも、もしかしたらちょっと変かもな……とは思ってますから。

Box 1.2 試しにRのヘルプを見てみよう

Rの使い方を調べるには、となりの人に聞く方法から、Googleで検索する、書籍で勉強する方法まで、いろんなやり方があります。しかし、Rにおいてはヘルプを見るのが非常に重要、かつ有用です。Rではどのヘルプも同じ構造で書かれています。一番上に関数名と、その関数がどのパッケージに入っているか、および簡単な説明があり、最後に使い方の実例があります。その間に「Usage」（使い方）、「Arguments」（引数）、「Details」（詳細な説明）、「Value」（関数が返す値）、「Authors」（その関数を作った人の名前）、「References」（参考文献など）、「See Also」（参照すべき他の項目）の各項目があり、それらの後に「Examples」（例）が続きます。

Rのヘルプでseq()を見てみましょう（図1.9）。seq()はRのbaseパッケージに含まれる関数で（左上）、「Sequence Generation」（数列の生成）を行うと書かれています。「Description」の下には「Usage」と「Arguments」が続いています。seq()をdata.frame()関数で使うときなどは、ここを見るとよいでしょう。seq()には引数が5つあります。そのうちのfromは生成する数列の最初の数値を指定します。本文中の例ではfromとtoとbyを使いましたが、ヘルプを見ると、他にlength.outという引数があるのがわかります。これは少し省略してlengthと書いても構いません。数列の要素数をlengthで指定することができる、と書いてあります。byで刻み幅を指定する代わりになるわけです。この場合、要素が指定した個数になるように、最初と最後の要素の間を等間隔で刻んで数列が作られます。

ヘルプの画面を下の方にスクロールしてみてみると、「Details」という項目があって、そこにもっといろんなことが書いてあるのがわかるでしょう。その下に「Value」の項目があって、seq()が返すものについて書いてあります。また関数によってはその下で「Authors」にその関数を作った人のことが書いてあり、「References」にこの関数の実装に関わりのある参考文献のリスト（seq()では1つだけですけど）が、「See Also」に関連のある他の関数のリストがあります（関数のヘルプを見ていて「自分のしたいことと近いんだけど、ちょっと違うな、もっといい関数はないかな」と思ったときは、ここから他の関数を見てみるとよいでしょう）。そして最後に「Example」があります。これがあるのがRのヘルプのよいところです。例として上げられているコードは、Rのコンソールにコピペすれば、そのまま実行できます。また、例に付いているコメントを読めば、コードの意味がわかって応用できるようになり、その関数のしくみと使い方にどんどん詳しくなれるでしょう。

Rのヘルプには、読んでもよくわからないものがたまにあります。でも求める答えはたいてい、そこにあります。理解してみせるぞ！という気持ちでじっくり読むことも時には必要です。その時間は決して無駄にはなりません。

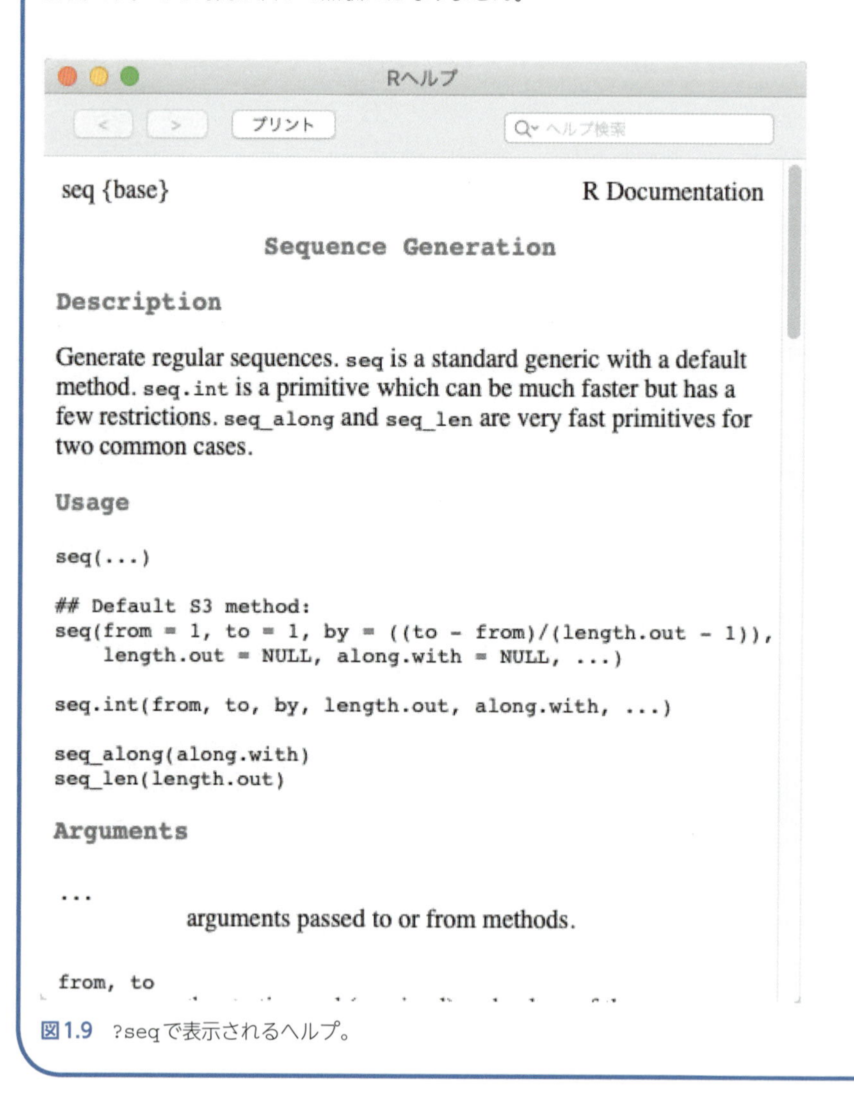

図1.9　?seqで表示されるヘルプ。

1.10 本格的な例（ちょっとだけ）

さて、みなさんは何ができるようになったのか、ここで振り返ってみましょう。少しはRに慣れてきて、RStudioを使うこと、ヘルプを見ることができるようになりました。つまり、次の課題をこなす実力をすでに持っているはずです（答えは章末の付録1aにあります）。

- $y = x^2$ のプロットを描く（x 軸が x、y 軸が x^2）
- $y = \sin(x)$ のプロットを描く（x 軸が x、y 軸が $\sin(x)$）
- 1000 個の正規分布乱数を作って、そのヒストグラムを描く

結果は、図1.10～1.12のようになるはずです。この課題では、`qplot()`、`rnorm()`という2つの関数を使います。`qplot()`はプロットを描画します。`rnorm()`は正規分布にしたがって発生する乱数の数列を作ります。「?」記号の使い方を覚えていますか？さあ、ヘルプでこの2つの関数を見てください。

3つともシンプルな課題に見えますが、どうか必ず30分くらい以上は、じっくり時間をかけてやってみてください。重要な課題なのです。図1.10～1.12と完全に同じ図にはならなくても構いません。自分でいろいろ試しながらやってみる、ということが重要です。この「試しながらやる」という過程で、みなさんはRを使うという経験を積み、うまく行かずにイライラし、ときに得意になり、エラーに遭遇し、わからないことが出てきます。こういう経験の積み重ねが、後になって実を結ぶのです。さあ、ここでこの本を読むのをやめて、パソコンに向かってください。答えの一例を付録1aに載せておきます。

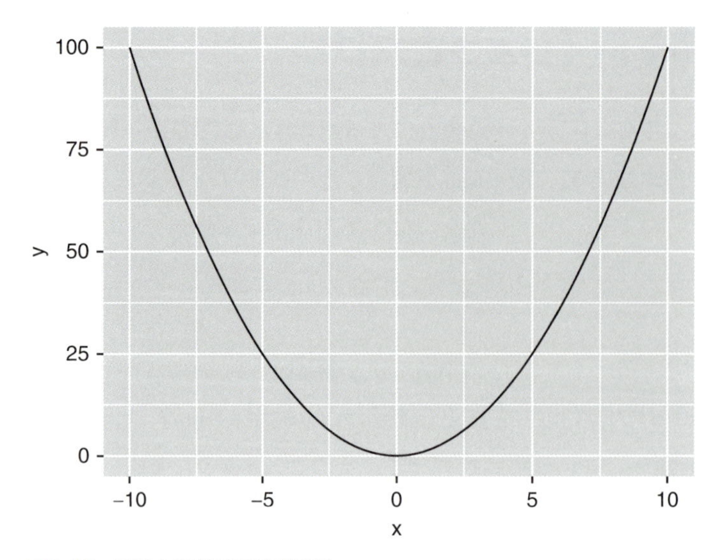

図1.10　最初の課題の実行結果例。

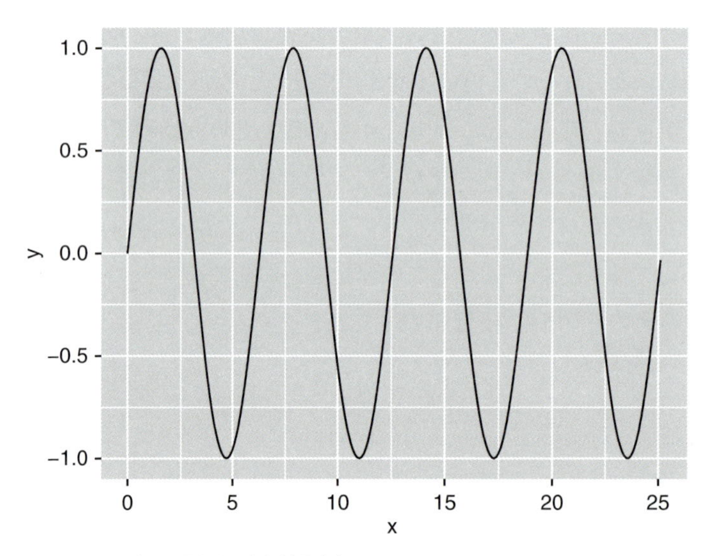

図1.11　2番目の課題の実行結果例。

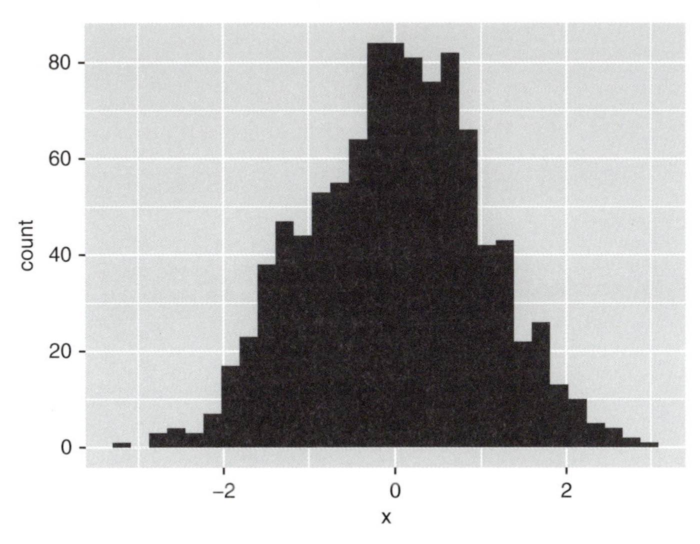

図1.12　3番目の課題の実行結果例。

1.11　最初のうち（そして今後も）うまくやっていくコツ

1.11.1　スクリプトの保存と、ワークスペースの保存

では、ここでスクリプトを保存して、RStudioを終了してください。その際、ワークスペースを保存するか、と聞かれるでしょう。スクリプトは保存したし、解析に使った生データはもともと他のところにあるので、ワークスペースを保存する必要はありません。私たちもいつも、ワークスペースは保存していません。ただこの広い世界においては、どんな物事にも例外というものがあります。Rで実行するのに数分以上かかるような解析作業があったなら、ワークスペースを保存してもよいでしょう。しかしこの場合、`save()`関数を使った方がよいと思います。いずれにせよ、Rを使うときに重要なのは元データとスクリプトの2つです。この2つはいつも、整理してしっかり確保しておかねばなりません。

1.11.2　RStudioの良いところ

基本的な機能が充実しているだけでなく、RStudioにはさらに便利で先進的な機能があります。使ってみると自分がもう近未来に生きているような気になってきます。そういうわけでこの後も、みなさんRStudioを使っているものとして話を進めます。スクリプトパネルやコンソールなども機能的でしたが、Rを使っていくのに便利な機能はその他にもいろいろあります。開発チームの人たちは本当にすごいと思います。これらの機能については後の章でも触れますが、ヘルプやチートシートを見て、どんな機能があるかざっと確認しておくとよいでしょう。

RStudioには以下のような機能があります。

- WindowsでもMacでもLinuxでもほぼ完全に同じように使える
- コードの任意の部分をコメントにしたり、コードに戻したりできる
- コードは自動的にインデントされる
- 途中まで入力した関数名などには、補完候補が出てくる
- スクリプトを書きながら、ヘルプを見られる
- 追加パッケージの管理機能がある
- デバッガーとしての機能がある
- RmarkdownあるいはSweaveを使うことで、Rから直接、簡単に文書（レポートやプレゼンテーション）を作成できる
- 優れたバージョンコントロールシステムを備えている
- 優れたパッケージ作成ツールがある

付録1a　課題の解答例

最初の課題の解答例を紹介します。まずはRに触る前に、何をせねばならないかを考えてみましょう。プロットされるxの値とyの値の対が必要ですね。xの値は正と負の両方で、たとえば-10から10までの範囲にしてもよいでしょう。プロット結果の曲線を滑らかにするには、ある程度細かい刻み幅でxの値を並べる必要があります。それから、yの値を作ります。yの値はx^2です。そして、yの値をxに対して折れ線グラフでプロットします。xの値とyの値を作る方法は、この章でRを計算機にして遊んだところでやりました。プロットの方法はまだ説明していませんが、Rのスクリプトは、こんな感じになります（実行結果は図1.10）。

```
# Exercise 1
# Plot a graph with x^2 on the y-axis and x on the x-axis.
rm(list=ls())
library(ggplot2)

x <- seq(-10, 10, 0.1)
y <- x^2
qplot(x, y, geom="line")
```

プロットを表示するのは、qplot()です。この関数を使うには、追加パッケージのggplot2を読み込んでおく必要があります。ここではggplot()ではなくqplot()を使っています。後ほど説明しますが、こっちの方が手っ取り早いからです。qplot()のqはquickのqなのです。

2つ目の課題もほぼ同じです。たとえばxの範囲を0から8πまでにして、yの値をxの正弦値として計算し、同じqplot()でプロットすればよいでしょう（実行結果は図1.11）。

```
# Exercise 2
# Plot a graph with sine of x on the y-axis and x on the x-axis.
rm(list=ls())
library(ggplot2)

x <- seq(0, 8*pi, 0.1)
y <- sin(x)
qplot(x, y, geom="line")
```

3つ目の課題は少し違います。やり方はいくつか考えられますが、一例として、まず1000個の正規分布乱数を作って、それを全部まとめて1つのオブジェクトに代入し、qplot()でそのオブジェクトのヒストグラムを描く、という方法を紹介しておきます（実行結果は図1.12）。

```
# Exercise 3
# Plot a histogram of 1000 random normal deviates.
rm(list=ls())
library(ggplot2)

x <- rnorm(1000)
qplot(x)
```

前の課題で折れ線グラフを描いたqplot()が、今度はなんの引数の指定もなく自動的にヒストグラムを描きました。不思議ではありませんか？これは、引数にオブジェクトが1つしかないことから、qplot()が何を描くか推測しているのです。「引数は数値ベクトル1本だけじゃないか。これをどうしろって言うんだ？そうかわかった、ヒストグラムか！」といった感じです。

付録1b ファイルの拡張子とOSによる違い

パソコンのファイルで、ファイル名の後ろに付いている3文字の文字列、いわゆる拡張子（.exeとか .csvとか .txtとか）についての注意事項です。これはみなさんがパソコンに対して、そのファイルをダブルクリックしたとき、どのアプリケーションで開けばよいのかを教えるためのものです。

RStudioでスクリプトをファイルとして保存したときには、みなさんが自由に決めたファイル名の後ろに .rまたは .Rという拡張子が自動的に付けられます。そのスクリプトのファイルをダブルクリックすると、運のいい人はRStudioが起動します。しかし他のアプリケーションが起動するようなら、あぁ面倒なことになってるな……思わざるを得ません。そういうときの解決方法をお教えしましょう。

MacとWindowsでは、デフォルトでは、ファイルの拡張子は隠す（だからみなさんには見えない）設定になっています。しかし拡張子は見えた方がよいです。特に何かややこしい状況になったときは、どんな場合であれ、そうです。見えていても特に紛らわしいわけでもなく、むしろかなり役に立ちます。でもやっぱり普段から見えたら邪魔だなぁと感じるなら、見えない設定にしておき、ファイルを右クリックして［情報を見る］（Mac）か［プロパティ］（Windows）をクリックする方法で確認してください。

Mac

macOSでは、Finderの環境設定でファイルの拡張子を普段から表示するように設定できます（図1.13）。Finderのメニューから［環境設定...］→［詳細］→［すべてのファイル名拡張子を表示］にチェックを入れてください。

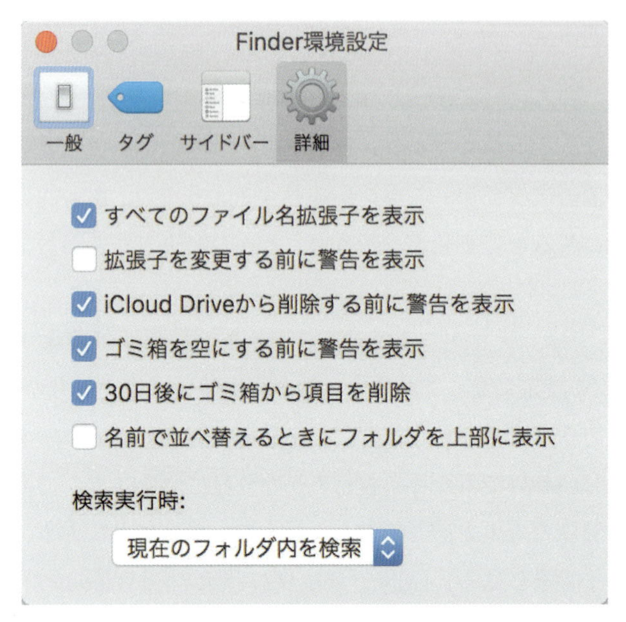

図1.13　Finderの環境設定で表示されるダイアログボックスの［詳細］タブで表示される項目。ファイルの拡張子を常に表示するよう設定できます。やってみると便利ですよ（たぶん）。

Windows

Windowsで拡張子を常に表示させるには、エクスプローラーの［フォルダーオプション］ダイアログの［表示］タブにある［登録されている拡張子は表示しない］のチェックを外します（図1.14）。Windows 7の場合は、メニューバーの［整理］→［フォルダと検索のオプション］、Windows 8、10の場合は、メニューバーの［表示］タブ→［オプション］をクリックするとこのダイアログが表示されます（訳注：Windows 8、10では、［表示］タブを開き、「ファイル名拡張子」にチェックを入れる方法もあります）。

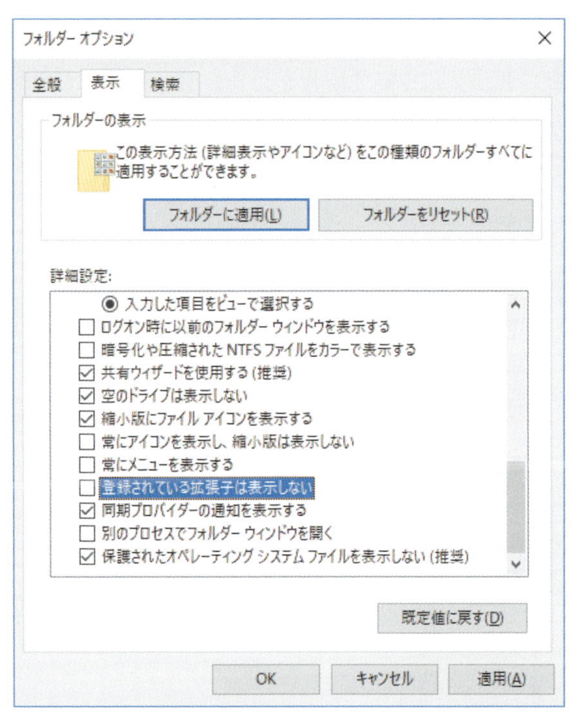

図1.14 Windowsのエクスプローラーの詳細設定画面。ファイルの拡張子を常に表示するよう設定できます。やってみると便利ですよ（たぶん）。

ファイルがRStudioで開かれるようにする

スクリプトのファイルをダブルクリックしてもRStudioが自動的に起動してくれないときは、まずはそのスクリプトのファイルの拡張子が `.r`か `.R`になっているか、確認してください（拡張子が見えるように設定していない人は、ここに気付かないことが多いようです）。スクリプトの拡張子が `.r`でも `.R`でもない場合は、拡張子をファイル名に追加してください。このとき、パソコンが「本当に拡張子を変更してもいいの？」と確認してくることがあります。これは拡張子をやたらと変更すると、パソコン側でかなり大きな混乱が引き起こされる場合もあるからです。

これでもまだ、スクリプトをダブルクリックしたときRStudioが起動してくれないなら、スクリプトを右クリックして［情報を見る］（Mac、図1.15）または［プロパティ］（Windows、図1.16）のウィンドウを出してください。すると、このファイルをどのアプリケーションで開くかを選ぶことができるので、そこでRStudioを選んでおけば大丈夫です。

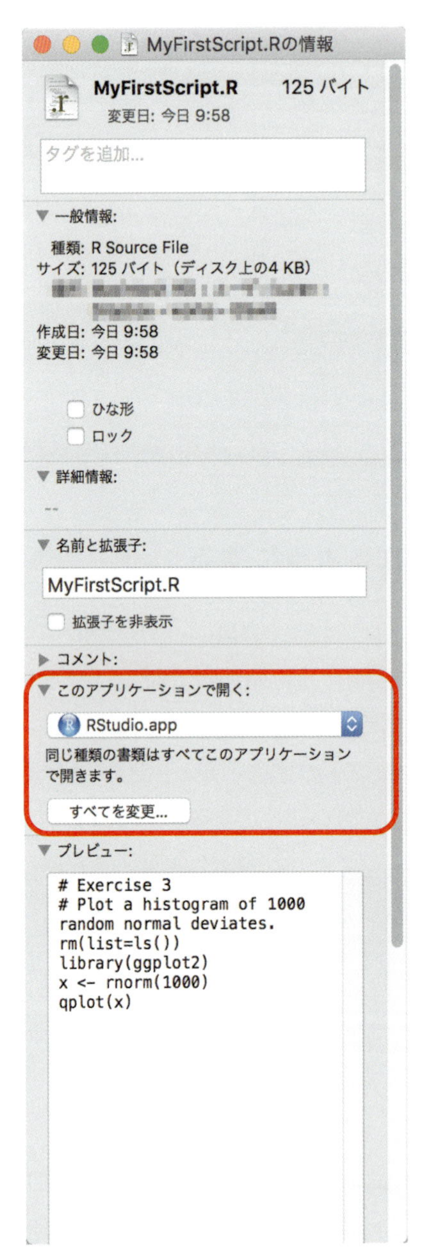

図1.15　Macでファイルを Ctrl＋クリックすると表示されるメニューで［情報を見る］をクリックすると表示されるウィンドウ。アプリケーションを選んでそのファイルを開いたり、同じ種類のファイルは全部それで開くように設定できます。

図1.16　Windowsでファイルを右クリックして表示されるメニューで［プロパティ］をクリックすると表示されるウィンドウ。［プログラム：］右の［変更...］ボタンでアプリケーションを選べば、そのファイルがそれで開くよう設定できます。

データを読み込む

これまでの説明で、命令をいくつか打ち込むだけでRを使えることがわかり、楽しくなってきたのではないでしょうか。プロットを作るのも面白い作業ですよね。いくつか関数も学んで、かなりいろいろできるようになったと思います。ですが、先に進むには、統計解析における最重要技術、データの扱い方を身に付けなければなりません。

何をおいてもまずは、自分の持っているデータをRの中に読み込ませないとはじまりません。そうしないと頭の中は空っぽです。いえ、Rのですよ。みなさんの頭ではありません。この章でやることは4つです。Rに読み込みやすいデータを用意すること、Rで扱いやすい形式にすること、それをRに読み込むこと、ちゃんと読み込まれたかどうか確かめることです。これに沿って、ありがちなトラブルとその解決法も紹介します。またこの章の付録では、扱いにくい形式のデータをどう処理すればよいのか説明します。ここからは、データの扱い方のお時間です。

2.1 読み込むデータを用意する

単にデータをRに読み込むというだけのことが、実は、初学者から経験豊富な教官まで、どんな人でもRを使う中でもっとも手こずり、つまずくところです。もっともトラブルの多いステップが、よりによって誰もが最初に行うステップである、というのは不運としか言いようがありません。ここをサクっと片づけられるようにしましょう。

どんな分野のどんな作業でも、慎重な準備がその後をうまく進めるための鍵です。なので、みなさんがデータを集め記録する前に、少なくともパソコンに打ち込む前に、ここを読んでいるといいのですが。でも、それらの作業が終わっていたとしても、そんなに大問題ではありません。何とかできます。

2.1.1 自分のデータをきちんと整形する

1行が1回の観測あるいは1つのサンプルになっていて、各列（カラム）が変数（観測項目）になっているデータが、Rの好きなデータです。これをロングフォーマット（long format）と呼ぶこともあれば、整列データ（tidy data）と呼ぶ人もいます（訳注：国内でハドリーバース（第3章参照）の素晴らしさにいち早く気付いた人たちの中では、整然データとも呼ばれています）。これからみなさんがRで使う多くのツール（つまり**関数**）では、だいたいこういう形式のデータを使います。なので結局、Rはこのような形式のデータが好き、ということです。

1行が1サンプリング、1列が1つの観測項目であるとは正確にはどういうことでしょうか。たとえば男性と女性の身長のデータがあると考えてください。このデータは、列を2つ用意して、片方を男性、もう一方を女性にして並べることができます（図2.1）。

	A	B
1	Male.height	Female.height
2	138	115
3	161	132
4	183	149
5	136	158
6	183	111
7	186	158
8	174	127
9	167	143
10	191	114
11	147	168

図2.1 Rで扱うデータの並べ方としてあまりよくない例。2つの列に同じ観測項目（身長）があるため、1つの行に身長の数値が2つあることになります。

これはRの好きな形式では**ありません**。1つの行に、2回の観測で得られたデータが並んでいます。さらに、身長という1つの観測項目が2列に分かれています。また、性別は観測項目の1つですが、これが2つの列そのものとして表されています。Rで扱いやすいデータの並べ方は、1つの列を性別、もう1つの列を身長という観測項目に割り当てた形です（図2.2）。こっちの並べ方だと、好ましくない並べ方に比べて行数が増えます（男女で人数が同じなら、行数は2倍になりますね）。このような並べ方を**ロングフォーマット**と呼びますが、これは、こうやって縦に長くなるからです。トールフォーマット（tall format）と呼んだ方が正しいかもしれません。

	A	B
1	Gender	Height
2	Male	138
3	Male	161
4	Male	183
5	Male	136
6	Male	183
7	Male	186
8	Male	174
9	Male	167
10	Male	191
11	Male	147
12	Female	115
13	Female	132
14	Female	149
15	Female	158
16	Female	111
17	Female	158
18	Female	127
19	Female	143
20	Female	114
21	Female	168

図2.2　Rで扱うデータの並べ方として適切な例。2つの列がそれぞれ観測項目に対応しているので、1つの行がそれぞれ1つのサンプル、つまり人に対応します。

よろしくない例と、それを直す方法をもう一例、見てみましょう。各個人の身長を毎年測定したデータがあるとします。このような場合、測定した年ごとに列を割り当てようとする人がいるでしょう（図2.3）。Rはこの形は好きではありません。もしかしたら、みなさんのことまで嫌いになるかもしれません。

もしこんな形式でデータを渡してくる人がいたら、その人は罰としてビールの一杯でもおごるべきでしょう。自分でこんなデータを作ってしまったなら、腕立て伏せ10回です。よい並べ方にするには、まず年を項目の1つとし、その列を作ることです（図2.4）。この例の場合、合理的に考えれば、**名前**、**年**、そしてもちろん、**身長**の3つの列を持つことになるでしょう。

	A	B	C	D	E	F	G	H
1	Person	Height.year1	Height.year2	Height.year3	Height.year4	Height.year5	Height.year6	Height.year7
2	Ellie	138	142	145	150	154	157	162
3	Andrew	161	170	175	182	187	191	191
4	Noah	120	132	140	148	154	159	165
5	Darby	136	145	150	155	159	165	167

図2.3　こんなデータは見ててキツいし、Rにとってもキツいです。同じ観測項目（身長）が、いくつもの列にあります。また複数回の観測によるデータが1つの行に並んでしまっています。

	A	B	C
1	Person	Year	Height
2	Ellie	1	138
3	Andrew	1	161
4	Noah	1	120
5	Darby	1	136
6	Ellie	2	142
7	Andrew	2	170
8	Noah	2	132
9	Darby	2	145
10	Ellie	3	145
11	Andrew	3	175
12	Noah	3	140
13	Darby	3	150
14	Ellie	4	150
15	Andrew	4	182
16	Noah	4	148
17	Darby	4	155
18	Ellie	5	154
19	Andrew	5	187
20	Noah	5	154
21	Darby	5	159
22	Ellie	6	157
23	Andrew	6	191
24	Noah	6	159
25	Darby	6	165
26	Ellie	7	162
27	Andrew	7	191
28	Noah	7	165
29	Darby	7	167

図2.4　ずっとよいデータの並べ方。Rはこんな風にデータを並べてくれる人が好きなのです。1つの項目が1つの列になっています。1つの行には、1回の観測による値しかありません。

データの準備の練習

次は、データシートの用意とデータの入力方法です。みなさんの手元に今データがあるわけではないかもしれませんが、データの準備のしかた、特にデータ入力での慣例（欠損値やファイル形式など）をひととおり把握しておきましょう。

Rに好まれるデータの形式はわかっていますね？それを意識しつつ作業を進めましょう（訳注：何らかの実験観測を行いながら、データを記録していく状況を考えてください）。まずExcel（それか、似たような表計算ソフトウェア）でデータシートの枠組みを作って、データが空っぽのまま印刷し、そこにデータを書き込んでいきます（スマホ、タブレット、PCなどのデバイスで、直接入力しても構いません）。各列の一番上には、観測項目の名前を入れます。わかりやすくて、かつ短くてシンプルな名前にします。空白や特殊文字は使わなくてすむように考えましょう。Rでは特殊文字もちゃんと取り扱えますが、ない方が今後の作業がやりやすくなります。

たとえば性別（男か女か）といった、数値データではないカテゴリカルな項目がデータにあるときは、データの値を数値に置き換えたりはせず、その実際の名前（文字列）を入力してください（男なら1、女なら2のようにはせず、「male」 「female」などと書き込む)。こういった数値ではないデータでもRでは問題なく扱えるし、また後の作業がより効率的になり、間違いも減ります。

さて……データシートを作ってからRに戻ってくるまでの間に、何らかの実験観測を行ってデータシートの中身を埋めなければ、この先に話が進みません。しかし、ご安心ください。私たちが用意したデータセットがあるので、今回はこれを使ってください。

重要事項1：データシートの中は、すべての場所に必ず、何か書き込んでください。空欄は1つもないようにします。たとえば観測できなくてデータがないところ（欠損値）があったら、そこには「NA」と書き込むとよいでしょう（訳注：Not Avairableの略）。他の文字列にするときは、ちょっと気をつけた方がいいかもしれません。もしデータシート中に空欄があった場合、それは単にデータを入力し忘れているのか、それとも何かやむを得ない事情があったのか、見分けがつきません。実験中は1時間おきくらいにシートを見て、空欄がないか、あったらどう書き込むか、考えるようにするとよいでしょう。

観測値を全部データシートに書き入れ、空欄も全部埋めたら、それをExcelなどに入力します。入力が終わったら紙に印刷して、実験しながら記録したデータシートと比べて間違いがないかを確認し、間違いが見つかったらすべて修正します。

重要事項2：入力したデータをファイルに保存するときは、「コンマ区切り形式」(Comma-Separated Values、**CSV**。拡張子は .csv）にしましょう。.xls、.xlsx、.numbers、その他の .○○はお勧めしません。CSVファイルであれば、プラットフォームに関わらず、データをRStudioに読み込んだときの使用メモリや、保存時のファイルサイズを小さく抑えられます。Excel、OpenOffice、Numbersなどのソフトでは、[名前を付けて保存] を押した後のダイアログで、[ファイルの種類] から [CSV（コンマ区切り)] を選択し、[保存] ボタンを押します。Excelではファイル形式をCSV形式で保存したり、その後ファイルを閉じようとしたりすると、何やら「機能が失われるかも」とか「本当にいいの？」などと聞いてきますが、自信を持って [はい] をクリックしてください。

この時点でみなさんの手元には、実験しながら書き込んだオリジナルのデータシート、それを入力した .csvファイル、.csvファイルを印刷した紙、の3つがあることになります。Rにとっては、この .csvファイルが「生データ」になり、その内容を一度内部にコピーした後は、Rでのデータの可視化や解析作業で元ファイルが変更、更新されることはありません（追加実験でデータが増えない限りは)。なので、その .csvファイルはしっかり安全なところに保管しておいてください。一般的に統計解析のソフトウェアでは、作ったデータシートに列を加えたり、または解析や作図を行うために列や行をいじることがあります。でもRでは、オリジナルのデータファイルはまったく変更されません。Rはファイルをコピーして内部に読み込んで使うので、Rを操作してデータやその形式を変えたとしても、変更されるのはコピーされたR内部のデータだけです。その変更も、スクリプトの中に書いたことか、コンソールでやったこと以外は行われません。

2.1.2　お行儀の悪いデータを渡されたら

データはもうすでに手元にあるんだけど全然形式が整ってない、他の人からデータを渡されたけど形式を直してくれとは言いにくい、または数値が測定機から自動的に出てくるので形式を整えようがない、というような場合はどうしたらよいでしょうか（最近の機械はRで読みやすい形式に対応しているものも多く、「1行に1サンプル、1列に1項目」に設定できるものもあります）。まず考えられるのは、データを突き返して「形式を直してくれ」と言うことです。しかしまぁ、そんなの無理だよ、後でひどい目に遭っちゃうよ……という懸念がぬぐえない場合は、自分でやるしかありません。

Excelでデータを修正することも可能です。ただミスも起こるし、時間がものすごくかかることもあります。データ量が多いときはやってられません。そういうキツい仕事、データの整形は、Rにやらせるという選択肢があります。この章の付録にやり方を載せておきます。

2.2　Rにデータを読み込む

さて、いまや美しく整ったみなさんのデータは、Rに読み込まれるのを待ちかまえています。これまでに説明したデータを用意するときの注意点を、たまたま読み飛ばしていたりしなければ、みなさんの手元にはロング（またはトール）フォーマットの .csvファイルがあるはずです。では、どうやってRに読み込んだらよいでしょうか？その .csvファイルから内容をコピーしてRに読み込み、解析作業で使えるようにするには、どういう手順を踏めばよいでしょうか？

まず最初に、この本のために私たちが用意したデータセットをダウンロードしてください。http://www.r4all.org/the-book/datasets/にあります。ダウンロードされるのはzipファイルなので、それを展開して、どこかわかりやすい場所に置いてください。これが前に言った「オリジナルのデータファイル」

になりますから、安全な場所に置きます。どこがいいかを考えて、ちゃんと整理しなければいけません。

ここでは、研究で使っているフォルダの中に新しくフォルダを作って管理してください。「マイドキュメント」(古いPC) や「ドキュメント」(新しいPC)、「書類」(Mac) といったフォルダに、`Projects`などの名前でフォルダを作っている人も多いと思います。この本のデータセットも、そのようなところにフォルダを作って入れておくとよいでしょう。フォルダにはわかりやすい名前を付けます。たとえば「`MyFirstAnalysis`」などです (訳注：日本語も使えますが、半角英数字が無難です)。もちろん、WindowsのエクスプローラーやMacのFinder、Linuxの場合もこれらに相当する何かで、作ったフォルダを開く方法はご存知ですよね。

そのフォルダの中に、さらにフォルダを2つ作ってください。1つは「`Analyses`」(`MyFirstAnalysis/Analyses`)、もう1つは「`Datasets`」です。この「`Datasets`」フォルダの中に、ウェブサイトからダウンロードした`.csv`ファイルを入れてください。

実際の研究活動であれば、同じところに「`Manuscript`」や、「`Important PDFs`」などのフォルダも作ることになるでしょう。ここまで来ると、みなさんも気付いてきたと思います。研究を整理整頓するには、フォルダをうまく使うことです。Rで行う作業のリスト、つまり**スクリプト**は、「`Analyses`」フォルダに入れます。ここに入れるスクリプトを書くのはもうちょっと先になりますので、もう少しだけ我慢してください。

2.2.1 データの読み込みと準備

Rにデータを読み込ませるには (Rの中にみなさんのデータを送り込むには)、データのある場所をRに教える必要があります。その場所の情報、つまりファイルのアドレスのことを**パス** (path) と呼びます。パスはたいていの場合、長くて覚えにくく、やっかいなものです。しかもキーボードで入力するときに間違いやすくて、1文字でも間違えるとRには理解してもらえません。なので、手で入力してはいけません。そんな面倒な仕事はRStudioにやってもらいましょう。

RStudioを起動して、[File] → [New File] → [R Script] で新しいスクリプトを開いてください。そして、常にスクリプトの最初に書くべきことを、書き込んでください(前の章でやりましたね。覚えていますか？)。スクリプトの説明と、ライブラリの読み込みと、お掃除命令です。書いたら保存してください。ファイル名はたとえば`DataImportExample.R`など、各自でわかりやすいものでよいでしょう (訳注：拡張子の`.R`は自動的に付けられます)。

ここではまだ、みなさんが各自でお持ちのデータを使う予定はありません。この章と次の章では、先ほどダウンロードした中にある`compensation.csv`というデータセットを使います。

データを読み込むには、本当に簡単な方法が4つもあります。パスを直接打ち込むといった曲芸はやらなくてよいのです。

2.2.2　その1：Import Datasetメニュー

RStudioでは、右上のパネルの［Environment］タブ→［Import Dataset］からデータを読み込むことができます。まず、［Import Dataset］→［From Text (readr)...］を選びます。RStudioをインストールしてはじめてこれをやるときは、何かのパッケージをインストール（アップデート）しますか？と表示されますが、もちろんYesです。これらのパッケージは、データの読み込みをより早く、よりシンプルにするためのものです。表示されたダイアログボックスで、フォルダを見つけ、目的の`.csv`ファイルを選択し、［Open］ボタンを押せばファイルが読み込まれます（訳注：「デスクトップ」などの日本語フォルダ名が「Desktop」のように英語になっているかもしれません）。

試してみれば非常に便利であることがわかるので、実際にやってみましょう（図2.5）。

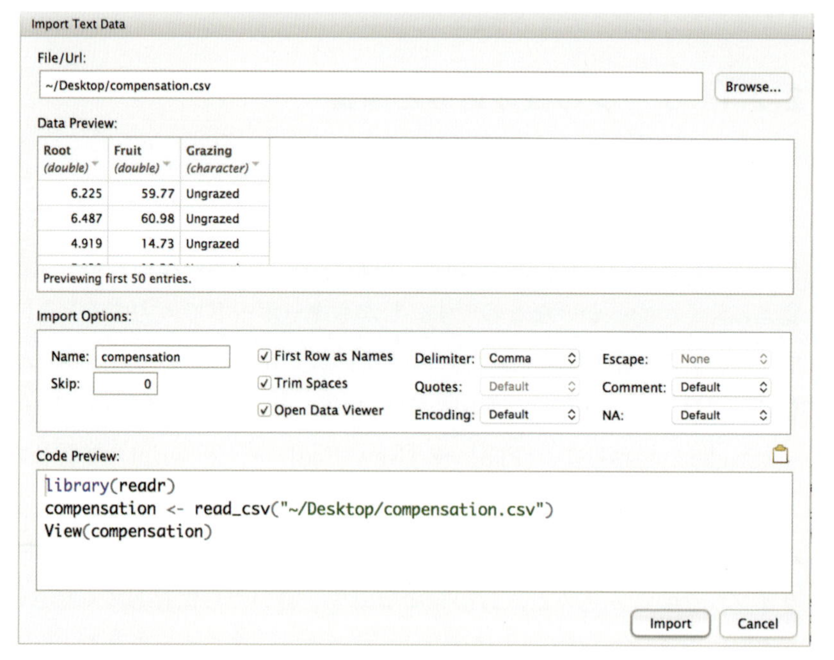

図2.5　［Import Dataset］をクリックすると表示されるダイアログボックス。データ形式や、区切り文字（コンマなど）、欠損値を表すのに使う文字列（`na.string`）などをここで指定できます。

まず［Browse...］ボタンを押して、出てきたウィンドウで目的のファイルがあるフォルダを探します。そして、目的の.csvファイルを選択し、［Open］ボタンを押すと、そのデータがこれからどのように読み込まれるかが［Data Preview］のところに表示されます。これは「どう読み込まれるか」を表すプレビューであり、この段階ではファイルはまだRに読み込まれていません。その下には、［Import Options］というところがあり、ここで読み込みの形式（データの区切りはコンマか、タブや他の記号か、など）を変えられますが、特にいじる必要がないことの方が多いはずです。そのときはそのまま［Import］ボタンを押せば、データが読み込まれます。

でも、ちょっと待ってください。［Import］ボタンを押すのは、［Code Preview］を確認し（図2.6）、最初の2行をコピーしてからにしてください。この2行は、**readr**パッケージの`read_csv()`関数を使ってデータを読み込むための命令です。［Import］ボタンを押すと、RStudioは［Code Preview］のコードをそのまま全部実行します。すると`View()`関数によってスクリプトパネルにデータが表示されますが、今はこれは必要ないので閉じてください（訳注：ここではRStudioが提示してくる`read_csv()`を使っていますが、この本ではこの後ずっと`read.csv()`を使います。こっちの方が昔からあって、なにかと使いやすいのです）。

Code Preview:

```
library(readr)
compensation <- read_csv("~/Desktop/compensation.csv")
```

図2.6　［Import Dataset］の［Code Preview］に表示されるRへの命令の例。

ここまで来たら、先ほどコピーした2行をスクリプトにペーストしてください。こうしておけば、今後は［Import Dataset］を使わなくてすみます。この2行を実行すると、そのたびに指定したファイルからデータが読み込まれるからです（ファイルを移動したりしなければ……です）。この時点でスクリプトには、使用するデータセットと、それがパソコンのどこにあるのかの2つがちゃんと指定されたので、スクリプトを実行するたびに、指定したファイルが読み込まれるようになりました。

重要事項：基本的には、［Import Dataset］を使うのは最初の1回だけ（2行をコピーするため）で、後は使わないようにします。効率が悪いように感じるかもしれませんが、これをコピーしておかないとスクリプトが完結しないし、毎回マウス操作でデータを選んでいると、間違ったファイルを読み込む可能性はなくなりません。

2.2.3 その2：file.choose()関数を使う

たとえRStudioを使っていなくても（もちろん使っていても）、file.choose()関数を使えば、キーボードから入力することなく、ファイルのパスをRに知らせることができます。コンソールでfile.choose()と入力してエンターキーを押してみてください。するとファイルやフォルダを選ぶダイアログボックスが出てきます。そこで目的のファイルを選択して［Open］ボタンを押すと、そのファイルのパスがコンソールに表示されます。実行例を図2.7に示します。

```
> file.choose()
[1] "/Users/owenpetchey/work/0 research/5.published/Dilpetus/Dileptus data/dileptus
expt data.csv"
```

図2.7　file.choose()関数を入力して、出てくるウィンドウでファイルを選択すると、コンソールにそのファイルのパスが表示されます。

パスは、ダブルクォーテーションで囲まれた部分です。そこをマウスで選択して（[1]とその次の空白は選択しない）、コピーして、スクリプトにペーストしてください。これでスクリプト内にファイルのパスと名前が書き込めたことになります。簡単ですね！後は、そのパスを関数read.csv()に渡します。この関数はまったくその名の通り、.csvファイルを開いて、その内容をRの中に読み込みます。read.csv()の丸括弧の内側に先ほどのパスを入れ、この関数の返す値（インポートしたデータ）を、代入記号（<-）を使って適切に名前を付けたオブジェクトに代入してください。ここでの例では、オブジェクト名をcompensationにしています。ここまでの内容は、コンソールではなく、ちゃんとスクリプトパネルに書き込んでください。こうやって一度スクリプトにファイルのパスを書いてしまえば、もうfile.choose()関数を使う必要はありません。

2.2.4 その3：より高度に使いこなしている感じのする方法

ファイルを読み込む方法は他にもあります。パソコンの中ではフォルダやファイルは階層構造をなしていますが、この方法を使うには、自分がその階層構造のどこで作業しているかを**正確に把握しておく必要があります**。RStudioでは、[Session] → [Set Working Directory] → [Choose Directory] で、作業現場となるフォルダ（作業ディレクトリ）を指定できます。これはRStudioに「このフォルダ（データファイルのあるフォルダ）で作業するようにしなさい」と指定するものです。

一度作業ディレクトリを指定すると、read.csv()を使うときにパスから解放され、ダブルクォーテーションでファイル名を囲んだだけでOKになります。`compensation <- read.csv("compensation.csv")`のような感じです。このやり方がよいのは、たとえばデータやスクリプトの入っているフォルダを移動したときや、他の人と共同作業をしていて、その共同研究者のパソコンではみなさんとは別の場所にデータがあるときでも、スクリプト内のパスを書き換える必要がないことです。作業ディレクトリをデータファイルのあるところに設定して、スクリプトを実行すればよいわけです。

ただ上で触れたように、ファイルの場所をちゃんとわかっていないとうまくいかないことがあります。でもフォルダの名前や場所にちょっと注意しておいて、そこにファイルを置くようにすれば、まず問題は起きないと思います。何回かRStudioの［Import Dataset］からファイルを指定する流れを試してみれば、パスとはどういうものか、その注意点などもわかってくるでしょう。

2.2.5　その4：データと同じフォルダにスクリプトを置く

1つのフォルダの中にデータのファイルとスクリプトを一緒に入れておき（これは、とりたてて良いとも悪いとも言えません）、スクリプトをダブルクリックすると、RStudioが起動して（RStudioがすでに起動していなければ）、RStudioの作業ディレクトリが自動的にそのフォルダに設定されます。この場合、みなさんはパスを意識することはまったくありません。しかし、この方法に頼るのは少しリスクがあります。RStudioが「起動していない」状態のときしか、うまくいかない方法だからです。また、データとスクリプトを別のフォルダに分けて整理したい人も多いと思います。この場合は、相対パスを使えばこの方法を使えるのですが、相対パスについての詳細はこの本では触れません。大事なデータとそのパスをうまく扱えるようになってから、Googleで「相対パス R」や「using relative paths R」で検索するとよいでしょう。

2.3　読み込まれているのが自分のデータかどうか、ちゃんと確認する

解析作業の現場において、データがファイルから自分で考えた通りにちゃんとRに読み込まれているかどうかを確認するのは、非常に重要なことです。自分自身も、Rも、盲目的に信じてしまってはなりません。すべてを疑うのです。以下のようなことを確認しましょう。

- Rに読み込まれたデータの、行数は正しいか？
- 変数（列）の数と名前は正しいか？
- 変数の型は正しいか？（数値がちゃんと数値として読み込まれているか？）
- 変数の値が文字列の場合（性別など）、カテゴリーの数（水準、レベル）は正しいか？

この本のウェブサイトからダウンロードしたcompensationデータを読み込むとき、先ほどの例ではcompensationというオブジェクトにファイルの内容を代入しました。ここでは、この中身を調べるのに便利な関数の使用例をいくつか示します。覚えておくとよいでしょう。スクリプト中に追加して試してみてください。

```
names(compensation)

## [1] "Root" "Fruit" "Grazing"

head(compensation)

##    Root Fruit Grazing
## 1 6.225 59.77 Ungrazed
## 2 6.487 60.98 Ungrazed
## 3 4.919 14.73 Ungrazed
## 4 5.130 19.28 Ungrazed
## 5 5.417 34.25 Ungrazed
## 6 5.359 35.53 Ungrazed

dim(compensation)

## [1] 40 3

str(compensation)

## 'data.frame': 40 obs. of 3 variables:
##  $ Root   : num 6.22 6.49 4.92 5.13 5.42 ...
##  $ Fruit  : num 59.8 61 14.7 19.3 34.2 ...
##  $ Grazing: Factor w/ 2 levels "Grazed",
##            "Ungrazed": 2 2 2 2 2 2 2 2 2 2 ...
```

ほぼ見たままですが、names()関数は各列に付けられた名前（変数名。.csvファイルを作るときにExcelか何かで入力したであろう列名）を表示します。head()はデータセットの最初の6行を表示します（headは「先頭」という意味です。すると「末尾」を意味するtail()は何をすると思いますか?)。dim()はデータセットの行数と列数(つまり、行列としての**次元数**)を表示します。最後のstr()は、データセットの構造、つまり他の3つの関数をまとめたような内容を表示する手軽な関数です。

str()関数は、引数で指定されたオブジェクトの概要を返します。引数が**データフレーム**(スプレッドシートのような形式になったオブジェクト)なら、str()はまず出力の最初の行に、そのオブジェクトがデータフレームであることと、サンプル数(行数)と変数の数(列数)を表示します。そして各変数について、変数名と、その型(数値か、因子か、整数か、など)と、その値を先頭からいくつか表示します。これらを見ることで、そのオブジェクトに読み込まれているデータが自分が思っていた通りかどうかを判断できると同時に、またそのデータがどんなものかを把握できるのです。

読み込んだデータを見るには、Rでデータセットを代入したオブジェクトの名前、つまりcompensationとだけ入力する方法もあります。ただデータが10000行以上あったりすると、ちょっとうんざり、または逆に笑えることになるかもしれません。

2.3.1 dplyr初体験

第1章でdplyrという名前のパッケージをインストールしました。第1章の説明に沿ってスクリプト例を実行していれば、すでにdplyrが使える状態になっているはずです。dplyrには、読み込んだデータを見るのに便利な関数が2つあります。1つはデータセットを水平方向に並べて表示するglimpse()、もう1つは縦に表示するtbl_df()です。どちらも列の名前とデータの種類を表示します。

ところで、これはこの先、何度も繰り返し述べますが、dplyrやggplot2、もっと言えばハドリー・ウィッカムの作ったすべてのパッケージの関数は、全部、1つ目に同じ引数が入ります。データフレームです。dplyrの関数については第3章でより詳しく紹介しますが、実際、それらはすべて1つ目の引数としてデータフレームを取ります。

それでは、glimpse()とtbl_df()の実行結果を見てみましょう。

```
# dplyr viewing of data
library(dplyr)

#glimpse and tbl_df
glimpse(compensation)
```

```
## Observations: 40
## Variables: 3
## $ Root    <dbl> 6.225, 6.487, 4.919, 5.130, 5.417, 5.35...
## $ Fruit   <dbl> 59.77, 60.98, 14.73, 19.28, 34.25, 35.5...
## $ Grazing <fct> Ungrazed, Ungrazed, Ungrazed, Ungrazed...

tbl_df(compensation)

## # A tibble: 40 x 3
## Root Fruit Grazing
##    <dbl> <dbl>    <fct>
## 1  6.22 59.8 Ungrazed
## 2  6.49 61.0 Ungrazed
## 3  4.92 14.7 Ungrazed
## 4  5.13 19.3 Ungrazed
## 5  5.42 34.2 Ungrazed
## 6  5.36 35.5 Ungrazed
## 7  7.61 87.7 Ungrazed
## 8  6.35 63.2 Ungrazed
## 9  4.97 24.2 Ungrazed
## 10 6.93 64.3 Ungrazed
## .. ... ... ...
```

いい感じですね。compensationデータセットの中身の概要を、2通りの方法で確認できました。ここからは主にglimpse()を使っていくことにしましょう。

2.4 ありがちなトラブル

ここまでに、観測したデータから.csvファイルを作る方法、それをRに読み込む方法、数種類の関数を使ってデータが思った通りに読み込めているか確認する方法を学びました。しかしいつだって、言われた通りにやっていても予想外のことは起こるものです。たとえ魔法が使えたって、失敗するときはするし、なんだかわからないがうまくいかない、ということはあります。そこで以下に、私たちがこれまで見てきた初心者にありがちなトラブルを挙げてみます。

その1：読み込んでみたら元のデータより行や列が多くなった。または、やたらたくさんNAがある。これはだいたい、Excelのせいです。ファイルを保存するときに行や列を増やしているのです（その理由は、人知の及ぶところではありません）。読み込もうとするデータファイル（.csvファイル）を、Windowsならメモ帳、Macならテキストエディットで開いて、行末、あるいは最下行に余分なコンマが並んでいたら、これが原因です。このときは、その .csvファイルをExcelで開き、保存する部分だけを選択し、新しいExcelファイルにコピー&ペーストします。そしてその新しいExcelファイルを、この章で説明したように .csvファイルとして保存し、古いファイルを削除すれば解決できるでしょう。

その2：読み込んでみたら列が1つしかない。元のデータにはもっと列があるのに。 これは、 .csvファイルの中でデータがコンマで区切られてないのかもしれません（Rのデフォルトはコンマ区切り）。Excelで .csvファイルで保存するときに、区切り文字がコンマではなくセミコロンなどになってしまっていると発生する問題です。いくつか解決方法はありますが、Excelでやるなら、.csvファイルを保存するときに、区切り文字を意識してコンマにしてください（言うほど簡単じゃないかもしれませんが）。Rでやるなら、RStudioの［Import Dataset］機能を利用します。途中のウィンドウでデータがどのように読み込まれるか[Data Preview］に表示されますが（図2.5）、このとき［Import Options］にある［Delimiter］で他の記号を選ぶと［Data Preview］の表示も変わります。ここで適切に選べば問題は解決できるでしょう。

その3：こんなエラーが出る。

```
## Warning in file(file, "rt"): cannot open file 'blah.csv' : No
such file or directory
## Error in file(file, "rt"): cannot open the connection
```

エラーを読んでみましょう。「No such file or directory」、つまりそんなファイルはない、ということです。パスやファイル名をコピー&ペーストせずにキーボードから打ち込むと、タイプミスをすることがあります。それが原因かもしれません。または、スクリプトにパスを書いた後にそのデータファイルを移動したり、名前を変えたりしていませんか？ファイルの読み込みで一番多いのがこのトラブルです。RStudioの[Import Dataset]あるいは`file.choose()`関数でもう一度ファイルの場所を確かめて、スクリプトを修正してください。

その4：日付や時刻の列があるデータを読み込んだが、Rはそのようには認識していないようだ。 それは、Rがデフォルトでは日付や時刻を認識しないようになっているからです。この章の付録ではデータの整理方法を説明していますが、そこで日付や時刻のデータをRに認識させる方法も取り上げているので、見てみてください。

2.5 まとめ

これまでの説明で、R向けのデータを用意する方法、それをRに読み込む方法、ちゃんと読み込めたかどうかを確認する方法を学びました。また思った通りに行かないときはどうすればよいかも、少しは理解できたと思います。数値データを扱う解析では、まず最初にこの章で取り上げた手順からはじめることになるので、ここが一番の基礎とも言えます。省略できる手順ではないのです。この手順を忘れたり間違うと、何もかもがおかしなことになってしまいます。常にデータが正しく確実にRに読み込まれるようにしてください。

付録2　応用編 — うまく整理されていないデータをどうにかするには

この本をはじめて読んでいる人は、この付録を読む必要はありません。ちょっと混乱するかもしれないので、飛ばして先に行った方がよいと思います。後で時間ができていろいろやってみたくなったときのために、取っておけばよいでしょう（すでにそうなら素晴らしいですが……、とにかく、やってみましょう！）。

これからの作業のためには、パッケージをいくつかインストールする必要があります（CRANからダウンロードするなど）。はじめて出てくる関数がいくつもありますが、あまり詳しくは説明できません。もし、自分できれいに整形したデータを用意できるならここを読む必要はありません。しかし長い人生の中では、ごちゃごちゃしたデータになぜか出会ってしまうものです。ここを見るのは、その時が来たらでも構いません。

うまく整理されてないデータってどんなの？

整理のしかたがいろいろあるように、整理のされなさにもいろいろあります。とても1つ1つ見てられません。なのでここでは、ありがちな例を取り上げます。何日かに分けて同じ項目（菌体密度）を観測したデータがあって、日付ごとの列に数値が記録されているとします。そして各行は、観測条件に対応しているとします（ここでは菌体を食べる原生生物の種類と、環境の温度と、Bottleという環境条件）。例題のデータを用意してあるので、それを読み込んで、中身を見て、整理してみましょう（訳注：RStudioの［Import Dataset］ボタンを利用した場合、ファイル名と同じオブジェクト名が自動的に作られますが、nasty format.csvのようにファイル名に空白が入っていると_に置き換えられるため、オブジェクト名はnasty_formatとなるはずです。なので、以下のコード例のnasty.formatというオブジェクト名は、［Import Dataset］ボタンからではなく、ユーザーが自分で打ち込んだオブジェクト名です。みなさんのやり方に応じて、適宜読み替えてください。また、read_csv()ではなくread.csv()であることにも注意してください）。

```
nasty.format <- read.csv("nasty format.csv")
```

```
str(nasty.format)

## 'data.frame':    37 obs. of  11 variables:
##  $ Species : Factor w/ 5 levels "",
```

```
##    "Colpidium",..: 3 3 3 3 3 3 3 3 3 5 ...
##  $ Bottle   : Factor w/ 37 levels "","10-C.s","11-
##    C.s",..: 35 36 37 11 12 13 23 24 25 5 ...
##  $ Temp :int 222222020201515152 2...
##  $ X1.2.13:num 10062.575755087.575507537.5...
##  $ X2.2.13 : num 58.8 71.3 72.5 73.8 NA NA NA
##    NA NA 52.5 ...
##  $ X3.2.13 : num  67.5 67.5 62.3 76.3 81.3 62.5 90
##    78.8 78.3 23.8 ...
##  $ X4.2.13 : num  6.8 7.9 7.9 31.3 32.5 28.8 72.5
##    92.5 77.5 1.25 ...
##  $ X6.2.13 : num  0.93 0.9 0.88 3.12 3.75 ...
##  $ X8.2.13 : num  0.39 0.36 0.25 1.01 1.06 1 67.5
##    72.5 60 0.96 ...
##  $ X10.2.13: num  0.19 0.16 0.23 0.56 0.49 0.41
##    37.5 52.5 60 0.33 ...
##  $ X12.2.13: num  0.46 0.34 0.31 0.5 0.38 ...
```

データを読み込んだらまず、最初にやるべきことをやりましょう。str()の出力を見ると、ファイルを読み込んで作ったオブジェクトはデータフレームで、37の観測データと、11個の項目（観測項目）があります。しかしこのファイルに含まれている実験条件の数は、36なのです。RStudioの［Environment］パネルでnasty.formatという文字列をクリックすると、読み込んだデータが表示されるので、スクロールして一番下の行を見てみてください。37行目には、データはないのがわかります。Excelにからかわれている気持ちになる人もいるでしょう（Excelでは実際、こういう意味不明な挙動がよくあります）。この行はもともと空なので、削除してしまいましょう。行を削除するときは、その行をよく見て、他のすべての行と違う点は何か？を探します。この場合、Bottle変数がNAなのは最下行だけです。なので、Bottle列に値が何か入っている行だけを取り出せばよいことになります。それには、dplyrパッケージのfilter()関数を使います（このパッケージとfilter()関数については、次の章で詳しく説明します）。

```
library(dplyr)
nasty.format <- filter(nasty.format, Bottle != "")
glimpse(nasty.format)

## Observations: 36
## Variables: 11
## $ Species   <fct> P.caudatum, P.caudatum, P.caudatum, P...
## $ Bottle    <fct> 7-P.c, 8-P.c, 9-P.c, 22-P.c, 23-P.c, ...
## $ Temp      <int> 22, 22, 22, 20, 20, 20, 15, 15, 15, 22...
## $ X1.2.13   <dbl> 100.0, 62.5, 75.0, 75.0, 50.0, 87.5, 7...
```

```
## $ X2.2.13  <dbl> 58.8, 71.3, 72.5, 73.8, NA, NA, NA, NA...
## $ X3.2.13  <dbl> 67.5, 67.5, 62.3, 76.3, 81.3, 62.5, 90...
## $ X4.2.13  <dbl> 6.80, 7.90, 7.90, 31.30, 32.50, 28.80,...
## $ X6.2.13  <dbl> 0.93, 0.90, 0.88, 3.12, 3.75, 3.12, 10...
## $ X8.2.13  <dbl> 0.39, 0.36, 0.25, 1.01, 1.06, 1.00, 67...
## $ X10.2.13 <dbl> 0.19, 0.16, 0.23, 0.56, 0.49, 0.41, 37...
## $ X12.2.13 <dbl> 0.46, 0.34, 0.31, 0.50, 0.38, 0.46, 41...
```


gather()関数で整理する

filter()関数でデータがうまく整理できましたね。次は、観測した日付の列と、菌体量の測定値(nasty.formatの第4～11列の数値)の列を持つデータフレームを新しく作り、データをきちんとその列に入れていきましょう。これは、tidyrパッケージのgather()関数のおかげで、非常に直観的にできます。こんな感じです。

```
library(tidyr)
tidy_data <- gather(nasty.format, Date, Abundance, 4:11)
```

gather()関数の最初の引数は、整理対象のデータフレームnasty.formatです。2つ目の引数は新しく作る列の名前（観測の日付を入れるので、Dateにしましょう)、3つ目も新しい列の名前です（菌体量を入れるので、Abundanceにしましょう)。4つ目の引数は、nasty.formatの中で菌体量のデータが入っている列の番号で、ここに指定した値がAbundanceの列に入れられます。str()やglimpse()でうまくいったかどうか確認してみましょう。

```
glimpse(tidy_data)

## Observations: 288
## Variables: 5
## $ Species   <fct> P.caudatum, P.caudatum, P.caudatum, P.cau...
## $ Bottle    <fct> 7-P.c, 8-P.c, 9-P.c, 22-P.c, 23-P.c, 24-P...
## $ Temp      <int> 22, 22, 22, 20, 20, 20, 15, 15, 15, 22, 2...
## $ Date      <chr> "X1.2.13", "X1.2.13", "X1.2.13", "X1.2.13...
## $ Abundance <dbl> 100.0, 62.5, 75.0, 75.0, 50.0, 87.5, 75.0...
```

おお、これはすごいですね。サンプル数が288になりました（36の各実験条件（Bottle）ごとに8回観察しているから。RStudioのEnvironmentパネルでtidy_dataを見てみると、よりわかりやすいでしょう)。

日付をちゃんとする

ここまでくると、データはちゃんと**整理されている**と言えるでしょう。ただDate変数はもうちょっと何とかする必要があります。日付の値の先頭に付いている「X」という文字を取り去って、さらに、これらが日付であることをRに教えるのです（つまり、変数の型を水準から日付に変更する）（訳注：readrパッケージのread_csv()関数（readとcsvの間が「.」じゃなくて「_」）を使えば、Xは付かずに読み込まれます）。まず、stringrパッケージのsub_str()関数で、Date変数のすべての値から「X」を削除します。

```
library(stringr)
tidy_data <- mutate(tidy_data, Date = substr(Date, 2, 20))
```

ここではsub_str()に操作対象の変数名と、その変数の値の中で削除せずに残す部分を指定しています。2つ目の引数の2は2文字目から残す、つまり1文字目は削除するという意味で、3つ目の20は20文字目までを残すという意味です。Date変数の値はどれも20文字以下なので、この結果、文字列の末尾まで残すことになります。そして、dplyrパッケージのmutate()関数で、sub_str()で文字を削った変数を、データフレームtidy_dataの中のDate変数と置き換えます（詳しくは次の章で）。mutate()関数は、後で出てきますが、変数（列）を書き換えたり追加したりできる関数です。

これでDate変数がきれいな文字列になりました。次にこれを「日付」であるとRに認識させます。IT用語で言えば「構文解析（parse）」を行うわけですが、これによってDateは連続的な値を持ち得る変数であることがRにわかるようになり、したがってたとえばDateをx軸にしてプロットしたり、2つの日付の間の日数、月数、年数を計算したりできるようになります。ただの文字列同士では、引き算するのも一苦労ですからね。

これにはlubridateパッケージを使います。このパッケージにはymd()、ydm()、dym()、dmy()、myd()、mdy()などの関数があります。名前だけではなんの関数だかわからない？そうでもありません。まず、データ中の日付の値を見てみましょう。

```
unique(tidy_data$Date)

## [1] "1.2.13"  "2.2.13"  "3.2.13"  "4.2.13"  "6.2.13"
## [6] "8.2.13"  "10.2.13" "12.2.13"
```

（この例では、データフレーム中の変数を指定するのにドルマーク$を使っています。これは古いやり方ですが、場合によっては非常に便利です。）

深く考えなくても、日付はピリオドを使って「日.月.年」、つまり*day.month.year*という形になっているがわかります。なので`dmy()`関数を使います。データによっては区切り文字がピリオド以外の場合もあるでしょうが、この関数はそれを自動的に調べて、ちゃんとRの日付データの形式に変換してくれます。また数値の頭に`0`が付けた形も扱えます。


```
library(lubridate)
tidy_data <- mutate(tidy_data, Date = dmy(Date))
```

`glimpse()`で見てみると、Date変数の型が変わったのがわかります。

```
glimpse(tidy_data)

## Observations: 288
## Variables: 5
## $ Species   <fct> P.caudatum, P.caudatum, P.caudatum, P.cau...
## $ Bottle    <fct> 7-P.c, 8-P.c, 9-P.c, 22-P.c, 23-P.c, 24-P...
## $ Temp      <int> 22, 22, 22, 20, 20, 20, 15, 15, 15, 22, 2...
## $ Date      <date> 2013-02-01, 2013-02-01, 2013-02-01, 2013...
## $ Abundance <dbl> 100.0, 62.5, 75.0, 75.0, 50.0, 87.5, 75.0...
```

`str(tidy_data)`で見てみると、Date変数がPOSIXct型に沿った形式になっていることがわかります。`glimpse()`ではRの標準の日付の型、つまりdate型になっていることが表示されます。POSIXctがなんなのか気になる人は、ネットで検索してみてください。いずれにせよ、Rは「この変数は日付である」と理解している、ということです。

もっといろいろできるよ

データがきちんと整理、整列されて、日付はちゃんと日付として扱われる形式になりました。たくさん作業した気がしますが、いったい何のためだったのか、ちょっと見てみましょう。各実験条件(Bottle)ごとに、菌体量がどう変わっていったのかを可視化してみます。これは非常に簡単にできます。

```
library(ggplot2)
ggplot(data = tidy_data, aes(x=Date, y=Abundance)) +
  geom_point() +
```

```
facet_wrap(~Bottle)
```

ggplot2というパッケージですが、これはプロットを描くためのもので、第4章で詳しく説明します。`ggplot()`関数にプロットするデータを持つデータフレームと、xとyにするデータフレーム中の変数を指定し、各実験条件ごとにプロットするように命令しています（こういうプロットのしかたをファセット（facet）と呼びます）。プロットされたパネル（図2.8）には、x軸には日付が正しく並んでおり、見やすく、少し修正すれば（x軸の目盛りを見やすくするとか）そのまま雑誌や本に載せられるクオリティになります。データを整理していなければ、つまり各列がそれぞれ1つの日付に対応していた元の形式のままだったら、このプロットを作るのはかなり大変な作業だったでしょう。

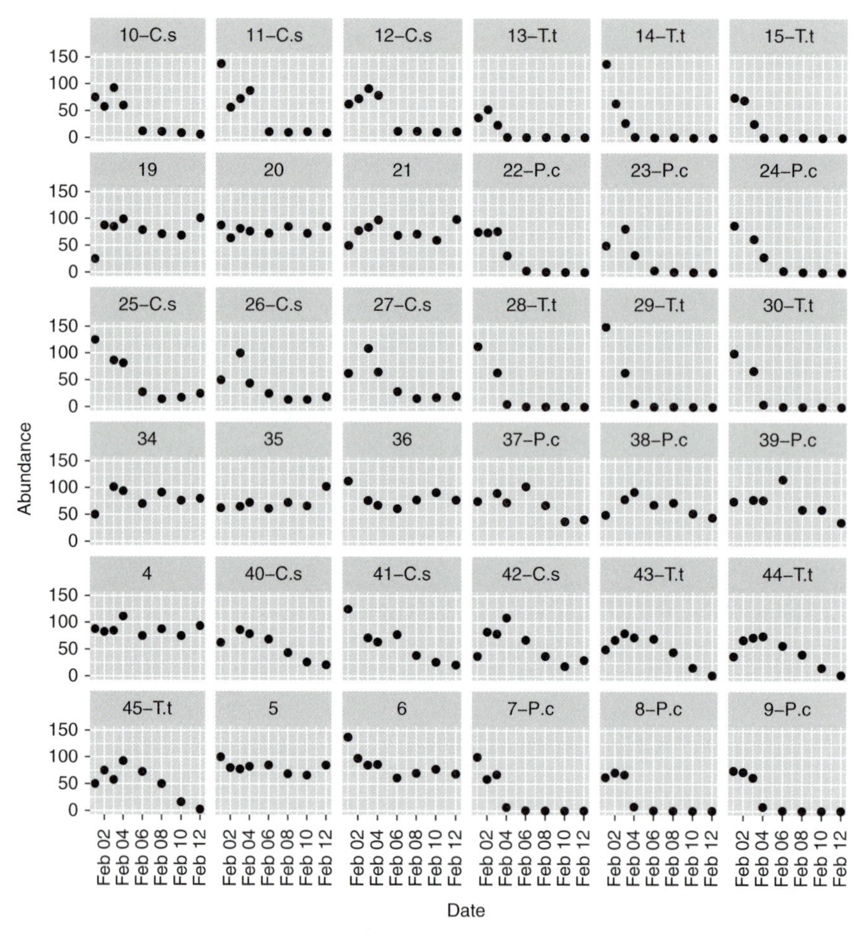

図2.8　データが整理されてさえいれば、こんな大変そうなプロットも簡単に作れます（スクリプトでたった3行です）。

Excel（か何か、その手のソフトウェア）でも同じように整理できる、と思う人もいるでしょうけど、そんなのは、つまりこういうことです。

1. 時間と苦労の無駄遣い
2. 間違ったときに気付かない
3. データセットに修正が入ったとき、作業を全部やり直さなければならない

前に言ったように、データの整理のされなさ具合は千差万別です。しかし、それを何とかする関数はいくつもあります。**base**、**tidyr**、**dplyr**の3つのパッケージを合わせれば、以下の関数が使えます。

- `spread()`：`gather()`の反対をやります。多変量解析をするときに便利です。
- `separate()`：1つの列に入っているデータを、複数の列に分割します。
- `unite()`：複数の列のデータを、1つの列にまとめます。
- `rename()`：列の名前（変数名）を変更します。
- `rbind()`：列の数と名前が同じである2つのデータセットを、1つにまとめます（行数を増やした1つのデータセットにする）
- `cbind()`：行の数と名前が同じである2つのデータセットを、1つにまとめます（列数を増やした1つのデータセットにする）
- `join()`：いくつかの関数の総称です。たとえば`full_join()`は、共通する列が1つ以上あるような2つのデータセットを1つにまとめます（**base**パッケージの`merge()`と同じ）。

ここまでくるとみなさんは、データの整理や整列には案外手間と時間がかかるなぁ、と感じているかもしれません。自分で最初に用意した`.csv`がうまく整理されていないときは特にそうでしょう。しかし、ここでデータをちゃんとした形式に整えておくことで、その後の作業が10倍楽になります。

ここでは追加パッケージとして**tidyr**、**stringr**、**lubridate**、**dplyr**、**ggplot2**を使いました。これらを振り返って、それぞれのパッケージからどの関数を使ったか、その目的は何だったか、引数はどう指定したかをまとめておくとよいでしょう。

dplyrでデータを整える

データ解析の一番の基本は、とにかくデータをよく見て、整形し、図を描くことです。あなたの手元にあるデータの様子を、しっかりと時間をかけて細かく把握し、何を知るためにそのデータを観測したのか、その問いへの答えを図にすることが重要です。この本でこれから示していく統計解析のワークフローは、まず図の描画からはじまります。統計的な計算や作業はすべて、図を見てからです。このデータの中にはこういう規則性があるかも、と思っているその規則性が、最初に描いた図の中に見えれば、こんなにうれしいことはありません。

この最初のステップのためのツールセットが2つあります。整形のためのツールセットと描画のためのツールセットです。図を描く前に、おおよそどんな場合でも準備としてデータを整形することになりますが、それにはこの章で説明するdplyrというツールセットを使います。ここで学ぶことは大変重要です。たとえばデータの一部を取り出したり、平均値と標準誤差を計算したりといったデータ操作は、ほぼ毎回、必要だからです。そしてこのような作業は、すべてRだけで行うべきですが（他のアプリやソフトウェアは使いません)、この章ではそのための方法を説明します。これによって、可能な限り、一連の作業全体を1つの場所、スクリプトにまとめておけるようになります。

この章の内容は、実際にスクリプトを作成しながら、読み進めてください。データやライブラリの読み込み、コメント記入の方法などがまだうろ覚えであったとしても、この章の終わりには、しっかり身に付いていることでしょう。第2章でスクリプトからRにデータを送るための方法やコツを説明しましたが、そちらを再確認しておいてください。スクリプトを書くときは、とにかくコメントをたくさん書き込んでください（命令の意味やそれを行う理由、どんな入出力が想定されているかなど)。そしてRに対する命令は、必ずスクリプトに書き、それをR

コンソールから実行するようにしてください。直接Rコンソールに入力してはいけません。この2点をしっかり守ってください。よい習慣、よい作業スタイルを身に付けるのは、本当に重要なことなのです。

この章では、リンゴ収穫量（compensation。`http://www.r4all.org/the-book/datasets/`からダウンロードできます）のデータを使います。第2章でも使ったので、もう読み込む準備はできているはずです。**dplyr**と**ggplot2**の2つのライブラリは、すでにRにインストールしてありますね。スクリプトの最初には、そのスクリプトの目的や作業内容などの説明、`library()`関数、Rの頭の中を掃除する`rm(list=ls())`関数を書いて、作業の準備をします。次に、`read.csv()`関数を使ってデータのファイル`compensation.csv`を読み込みます。

この本の前書きで、データの管理、操作には**dplyr**ライブラリとその中にある関数を積極的に使うべきだと述べましたが、**dplyr**の登場以前にRを使ったことがある人は、旧来の（**dplyr**を使わない）やり方にも興味があるかもしれません。この章の付録に、**dplyr**の関数とそれに対応する旧来の方法をまとめておきます。

3.1　各変数の統計量を見る

3.1.1　リンゴ収穫量データ

では、リンゴ収穫量データの解析をはじめましょう。このデータセットにはリンゴの木の1本1本について、リンゴの収穫量（Fruit。単位はkg)、台木の大きさ（Root。単位はmm。リンゴの木は台木に目的の品種のリンゴの木を接ぎ木して育てられる）の数値データがあり、さらにそのリンゴの木が、ウシが放牧されているところで育てられているかどうか（Grazing）が書かれています（ウシが下草を食べることで、リンゴの木のとれる養分がその分だけ増え、収穫量が増えることが期待されます)。

3.1.2　`summary()`関数

まずは、どんな感じのデータなのか、第2章で紹介したツールを使ってさっと見てみましょう。たとえば`names()`、`head()`、`dim()`、`str()`、`tbl_df()`、`glimpse()`を使えば、データの行数、列数などはわかります。ただし、これらのツールでは、各変数の統計的な特徴、つまり分布の様子はわかりません。それには`summary()`関数を使います。では、やってみましょう。

```
compensation <- read.csv("compensation.csv")
glimpse(compensation) # just checkin'

# get summary statistics for the compensation variables
summary(compensation)

##        Root            Fruit            Grazing
##  Min.    : 4.426   Min.    : 14.73   Grazed  :20
##  1st Qu.: 6.083   1st Qu.: 41.15   Ungrazed:20
##  Median : 7.123   Median : 60.88
##  Mean    : 7.181   Mean    : 59.41
##  3rd Qu.: 8.510   3rd Qu.: 76.19
##  Max.    :10.253   Max.    :116.05
```

Rのsummary()関数はデータフレーム中の各列（変数）について、要約統計量を表示します。数値変数については、中央値、平均値、四分位数、最小値、最大値を、カテゴリカル変数については、どんな水準があるかと、さらに各水準のサンプル数を表示します。summary()関数の出力は重要です。注意深く観察しなければなりません。ここで極端な値や不自然な値、もしくはデータとしてあり得ないような値がないかを見ます。データ解析ではまず最初に、こうした分布の様子を見なければなりません。では続いて、dplyrを使ってこのデータの中を見て、必要なところを取り出したり、整形したりしてみましょう。

3.2 dplyrの命令

dplyrはデータの形式を操作する（整形する）ために作られたパッケージですが、ここではまず、その中からselect()、slice()、filter()、arrange()、mutate()の5つの「命令」（関数）を説明します。select()は列を選んで取り出し、slice()は行を選んで取り出し、filter()は変数（指定する列）が特定の値である行を取り出します。arrange()は行をソートします。mutate()はデータフレーム中に新しい変数を付け加えます。データの様子をつかむためにデータを整理する作業は、これらの命令を使ってデータから必要な部分を取り出し（select()、slice()、filter()）、変換し（mutate()）、並べ替える（arrange()）作業が中心になります。もちろん、このパッケージには、他にも様々な関数があります。Googleで「cheatsheet dplyr」と検索するか、RStudioで[Help]→[Cheatsheets]→[Data Transformation with dplyr]とたどっていけば、きっと幸せが訪れるでしょう。

dplyrの関数を使うとき、最初の引数は必ずデータフレームであることを覚えておくとよいでしょう。dplyrの関数はすべてそうなっています。25回繰り返し唱えてでも覚えておきましょう。はい、ではいきますよ。最初の引数はデータフレーム、最初の引数はデータフレーム……。

3.3 行や列の取り出し

データ取り出し作業の中心になるのは、「列を取り出す」「行を取り出す」「条件で行を選び出す」の3つの命令です。

3.3.1 select()

select()は列を取り出します。列の名前がわかっているとやりやすいので、必要であれば各列の名前をnames(compensation)で確認しておきましょう。Fruitの列だけを取り出すには以下のようにします（出力の一部は省略してあります。実際には、もっと多くの行が表示されます）。

```
select(compensation, Fruit) # use the Fruit column

##    Fruit
## 1  59.77
## 2  60.98
## 3  14.73
## 4  19.28
## 5  34.25
## 6  35.53
## 7  87.73
## 8  63.21
## 9  24.25
## 10 64.34
## ..   ...
```

注意：「Error: could not find function "select"」というエラーが表示されたときは、スクリプトの最初にlibrary(dplyr)と書いてあるか、そして、その行をちゃんと実行したか確認してください。

dplyrの動作を、少し詳しく見てみましょう。使い方がシンプルなのはすぐにわかったと思います。ある列を取り出したいときは、dplyrにデータフレーム名と、そこから取り出したい列の名前を指定するだけです。簡単です。

勘の鋭い人は、他にも興味深い点に気付いたかもしれません。dplyrの命令であるselect()は、引数で指定されたデータフレームを使い、**かつ**データフレームを返すということです。スクロールして出力の一番上を見てみると、Fruitという列名が付いているのがわかります。つまりデータフレームの一部分を取り出すように命令したら、それがデータフレーム（この場合は1列だけからなるデータフレーム）として返ってきたということです。Rの他のパッケージの関数は、同様の動作をするとは限りません。この章の付録では、dplyrの関数と似た動作をする、Rにもともと備わっている関数（baseパッケージの関数）について説明しますが、これらは別の種類のオブジェクト返すことがあります。

最後に、select()の動作はシンプルで、1つしか機能がないよう見えたと思います。これはまったくその通りです。dplyrの関数はそれぞれ1つの機能に特化しており、それぞれの機能を**非常に**速く、効率よく実行します。

select()は、データフレームから1つだけ列を**取り除き**、他のすべての列を取り出すこともできます。たとえばRootの列をcompensationデータから取り除き、FruitとGrazingの列だけのデータフレームを作るには、以下のようにします。

```
select(compensation, -Root) # that is a minus sign

##    Fruit  Grazing
## 1 59.77 Ungrazed
## 2 60.98 Ungrazed
## 3 14.73 Ungrazed
## 4 19.28 Ungrazed
## 5 34.25 Ungrazed
## 6 35.53 Ungrazed
## 7 87.73 Ungrazed
## 8 63.21 Ungrazed
## 9 24.25 Ungrazed
## 10 64.34 Ungrazed
##.. ... ...
```

3.3.2 slice()

slice()は行を取り出します。指定した行番号の行だけをデータフレームから取り出して返す、という動作をします。行番号には、1つの数値、連続する数列、飛び飛びの数列が指定できます。たとえば2行目を取り出すには以下のようにします。

```
slice(compensation, 2)

## Root Fruit Grazing
## 1 6.487 60.98 Ungrazed
```

2行目から10行目までを取り出すには、こうします。

```
slice(compensation, 2:10)

##    Root Fruit  Grazing
## 1 6.487 60.98 Ungrazed
## 2 4.919 14.73 Ungrazed
## 3 5.130 19.28 Ungrazed
## 4 5.417 34.25 Ungrazed
## 5 5.359 35.53 Ungrazed
## 6 7.614 87.73 Ungrazed
## 7 6.352 63.21 Ungrazed
## 8 4.975 24.25 Ungrazed
## 9 6.930 64.34 Ungrazed
```

行番号が連続していない場合でも難しくはありませんが、Rの`c()`関数を使って、飛び飛びの番号を1つのベクトルに**まとめて**指定する必要があります。

```
slice(compensation, c(2, 3, 10))

##    Root Fruit  Grazing
## 1 6.487 60.98 Ungrazed
## 2 4.919 14.73 Ungrazed
## 3 6.930 64.34 Ungrazed
```

`slice()`が返すのも`select()`と同様、データフレームです。しかしその中の各行の行番号は、元のデータフレームのものとは違います。新たなデータフレームの中では、新たな行番号が1から連番で付けられています。この点には注意した方がよいかもしれません。

3.3.3 filter()

`filter()`もデータフレームの一部を取り出す命令ですが、その機能は超強力です。ただこれを使うには、Rの論理演算子や二値演算子についての知識が少々必要です。まずはこれらについて学んだ後、`filter()`での使い方を見ることにしましょう。

論理演算子と論理変数

Rには論理演算に必要な演算子がすべて揃っています。そのうちよく使われるものについては、その意味と留意点、`filter()`での使い方を表3.1に載せておきました。

表3.1　よく使われる論理演算子と、filter()関数での使用例。

Rでの記号	意味	使用例	留意点
“==“	両側のオブジェクトの値が等しい	filter(compensation, Fruit == 80)	条件に一致して式が真になる行を探す
“!=“	両側のオブジェクトの値が等しくない	filter(compensation, Fruit != 80)	条件に一致しないことで式が真になる行を探す
<, >, >=, <=	未満、より大きい、以上、以下	filter(compensation, Fruit <= 80)	
|	どちらかが真なら真	filter(compensation, Fruit > 80 | Fruit < 20)	OR：Fruitが80より大きいか20より小さいときに真になり、そのどちらの行も選ばれる
&	両方とも真なら真	filter(compensation, Fruit > 80 & Root < 2.3)	AND：2つの変数による条件がどちらも成立するときだけ真になり、その行が取り出される

論理演算子がどう働くのかがわかるように、使用例をいくつか紹介します。まずは>記号をRがどう解釈するか見てみましょう。

```
with(compensation, Fruit > 80)

##  [1] FALSE FALSE FALSE FALSE FALSE FALSE  TRUE
##  [8] FALSE FALSE FALSE FALSE FALSE FALSE FALSE
## [15] FALSE FALSE  TRUE FALSE FALSE FALSE  TRUE
## [22] FALSE FALSE  TRUE FALSE FALSE FALSE  TRUE
## [29]  TRUE  TRUE FALSE FALSE FALSE FALSE  TRUE
## [36] FALSE FALSE FALSE FALSE  TRUE
```

with()はRの便利な関数の1つです。1つ目の引数で指定されたデータフレームの中を見て、2つ目の引数で指定された内容を実行して、データフレームの中を一通り見終わったら動作を終了します。ここでは、論理演算子としての>記号が、Fruit列の各行について、Fruit > 80がTRUEなのかFALSEなのかを判断して、それをもとにTRUEとFALSEが連なったデータを生成しています。このちょっとだけ説明が面倒な動作を、お手軽な書き方で指定できるわけです。Rでは、このTRUEとFALSEの列を利用する関数が他にもあります。たとえば、TRUEに対応する行を取り出すとか……、そうです、まさにこれを行うのがfilter()です。

filter()の使い方

ここで、このデータフレームの中で収穫量の多いリンゴの木を調べたいとします。「収穫量が多い」とは、上のsummary()関数の出力から見て「収穫量が80 kgより大きい」ということにしましょう。dplyrの関数はどれも1つ目の引数がデータフレームです。2つ目の引数では、どの行を選び出して返すかを判断するための条件（表3.1参照）を指定します。

```
# find the rows where it is true that Fruit is >80 return
# them as a data frame
filter(compensation, Fruit > 80)

##      Root  Fruit  Grazing
## 1   7.614  87.73 Ungrazed
## 2   7.001  80.64 Ungrazed
## 3  10.253 116.05   Grazed
## 4   9.039  84.37   Grazed
## 5   8.988  80.31   Grazed
## 6   8.975  82.35   Grazed
## 7   9.844 105.07   Grazed
## 8   9.351  98.47   Grazed
## 9   8.530  83.03   Grazed
```

条件を複数指定するのも難しくありません。たとえば収穫量が80 kgより大きい行と、20 kg未満の行を取り出したいときは、論理和ORを表す「|」記号を使います（訳注：「> 80」の木と、「< 20」の木の「両方を取り出す」と考えるとANDのように感じますが、2つの条件の「どちらか一方は成立する行」と考えます）。

```
filter(compensation, Fruit > 80 | Fruit < 20)

##       Root  Fruit  Grazing
## 1    4.919  14.73 Ungrazed
## 2    5.130  19.28 Ungrazed
## 3    7.614  87.73 Ungrazed
## 4    7.001  80.64 Ungrazed
## 5    4.426  18.89 Ungrazed
## 6   10.253 116.05   Grazed
## 7    9.039  84.37   Grazed
## 8    6.106  14.95   Grazed
## 9    8.988  80.31   Grazed
## 10   8.975  82.35   Grazed
## 11   9.844 105.07   Grazed
## 12   9.351  98.47   Grazed
## 13   8.530  83.03   Grazed
```

3.3.4 取り出した結果を取っておく

ここでちょっと、コンソールでRに何かをやらせて、その出力を見ることを想像してみてください。でも見るだけじゃなくて、その出力を後でなにか冗談のネタにでも使いたくなるかもしれません（よね？）。そのためには、これまでの章でも登場した、代入演算子`<-`を使ってください。何かの目的でリンゴの生産量が多い木と少ない木を取り出す必要があるときは、以下のようにして出力を入れておくオブジェクトを作ります。

```
lo_hi_fruit <- filter(compensation, Fruit > 80 | Fruit < 20)
# now look at it
lo_hi_fruit

##       Root  Fruit  Grazing
## 1    4.919  14.73 Ungrazed
## 2    5.130  19.28 Ungrazed
## 3    7.614  87.73 Ungrazed
## 4    7.001  80.64 Ungrazed
## 5    4.426  18.89 Ungrazed
## 6   10.253 116.05   Grazed
## 7    9.039  84.37   Grazed
## 8    6.106  14.95   Grazed
## 9    8.988  80.31   Grazed
## 10   8.975  82.35   Grazed
## 11   9.844 105.07   Grazed
## 12   9.351  98.47   Grazed
## 13   8.530  83.03   Grazed
```

「取り出した結果を後で使うときは、`filter()`が返すものを**オブジェクトに入れておく**」と覚えておきましょう。

3.3.5 スクリプトはどんなふうに書けばよいか

それではここで、これまでの説明通りに作業を進めた場合、みなさんのスクリプトがどのようになっているべきか（なっているはずか）、模範的なスクリプトの例をお見せしましょう。まず、コメントは多いほどいいです。スクリプト中の命令（コード）に対するコメントは、そのコードの上や下の行、またはコードの右側に書きます。またコードの中には適宜、空白文字を入れます（訳注：代入演算子の両側、関数の引数を区切るコンマの後、論理演算子の両側など）。

```
# my first dplyr script

# clear R's brain
rm(list=ls())

# libraries I need (no need to install...)
library(dplyr)
library(ggplot2)

# get the data
compensation <- read.csv('compensation.csv')

# quick summary
summary(compensation)

# using dplyr; always takes and gives a data frame

# columns
select(compensation, Fruit) # gets the Fruit column
select(compensation, -Root) # take Root column out from data

# rows
slice(compensation, c(2,3,10)) # get 2nd, 3rd & 10th rows

# gets rows for each condition, and assigns to an object
lo_hi_fruit <- filter(compensation, Fruit > 80 | Fruit < 20)

# run this to see what the above line 'saved' for later use.
lo_hi_fruit
```

3.4 データの変換と追加

生物学分野では、データ中の列の値を変換することがよく行われます。たとえばプロットを描いたりデータ解析をしたりするときの対数変換などです。これによって、データ中の変数の値から、なにか別の値を計算して使いたいこともあるでしょう。たとえばサンプルの総数と、その中の青いサンプルの数がわかっているときに、青いものの割合を求めたい、といったようなことです。ここでは、こういったときに使えるmutate()の基本的な使用法を説明します。

3.4.1 mutate()

mutate()も他のすべてのdplyrの関数と同じで、1つ目の引数はデータフレームです。2つ目の引数に、そのデータフレームに新しく作る列の名前と、変換の方法を指定します。たとえばデータフレームcompensationの中に新しく

logFruitという列を作って、そこにFruit列の値の対数値を入れるとしましょう。これにはうまい、かつ簡単なやり方があります。mutate()の返すデータフレームを代入するオブジェクトとして、mutate()に引数で渡したデータフレームそのものを指定する方法です。これによって、元のデータフレームを上書きするわけです。うまくいくかどうか見てみましょう。head()関数を使うと、表示する行数を見やすいように調整できます。


```
# what does compensation look like now?
head(compensation)

##    Root Fruit  Grazing
## 1 6.225 59.77 Ungrazed
## 2 6.487 60.98 Ungrazed
## 3 4.919 14.73 Ungrazed
## 4 5.130 19.28 Ungrazed
## 5 5.417 34.25 Ungrazed
## 6 5.359 35.53 Ungrazed

# use mutate
# log(Fruit) is in the column logFruit
# all of which gets put into the object compensation
compensation <- mutate(compensation, logFruit = log(Fruit))

# first 6 rows of the new compensation
head(compensation)

##    Root Fruit Grazing logFruit
## 1 6.225 59.77 Ungrazed 4.090504
## 2 6.487 60.98 Ungrazed 4.110546
## 3 4.919 14.73 Ungrazed 2.689886
## 4 5.130 19.28 Ungrazed 2.959068
## 5 5.417 34.25 Ungrazed 3.533687
## 6 5.359 35.53 Ungrazed 3.570377
```

Rの操作、作業をスクリプトでやることの素晴しさを実感するために、パソコンの中に大事に、安全確実に保存されている .csvファイルを開いて、何か修正や変更が行われているかどうかを確認してください。どうですか？そうですよね、何も変わっていないはずです。データは .csvファイルからRの中にコピーすることによって読み込まれ、これまでの操作はそのコピーに対して行われているため、オリジナルのデータである .csvファイルには、まったく影響しません。なので、いつでも最初からやり直すことができます。

3.5 ソート

3.5.1 arrange()

データ解析においては、サンプル（各行）を特定の順序にしたがって並べる、つまり**ソート**することが重要だったり、望ましいことがあります。データを見たとき、それを特定の順序で並べ直したいと思うのは普通のことです。たとえばリンゴ収穫量データを見て、収穫量の昇順（小さい順）に並べたいと思ったら、arrange()関数を使って以下のようにします。

```
arrange(compensation, Fruit)

##    Root Fruit  Grazing logFruit
## 1 4.919 14.73 Ungrazed 2.689886
## 2 6.106 14.95   Grazed 2.704711
## 3 4.426 18.89 Ungrazed 2.938633
## 4 5.130 19.28 Ungrazed 2.959068
## 5 4.975 24.25 Ungrazed 3.188417
## 6 5.451 32.35 Ungrazed 3.476614
```

こうやって見やすくする以外にも、ソートが必要になる場合があります。解析作業の手順の中には、データがソートされていることが前提になっているものがあるからです。たとえば時系列データの解析法はほとんどが、データが時刻の順に並んでいることを前提にしています（しかもたいていのソフトウェアや関数ではデータの順序が正しいかどうか、わざわざ確認しません）。この場合は自分でデータをソートして、ちゃんと時刻の順序になっているかどうか、しっかり確認する必要があります（複数の変数を同時に使ってソートしたいときは、arrange()のヘルプファイルを見てください）。

3.6 ここまでのまとめと、2つの技

ここまで、dplyrの5つの命令をざっと見てきました。dplyrの関数には、実行が速く、使い方が統一されており、それぞれの機能が1つに絞られているという特徴があります。ここでさらに、非常に役立つdplyrの2つの技を紹介しましょう。1つ目は、複数のdplyr関数を同時に組み合わせて1行に書ける、ということです。たとえば、リンゴ収穫量が80 kgより多い木について、台木の大きさだけを取り出すことにしましょう。ここはfilter()とselect()の出番です。

```
select(filter(compensation, Fruit > 80), Root)
##      Root
## 1  7.614
## 2  7.001
## 3 10.253
## 4  9.039
## 5  8.988
## 6  8.975
## 7  9.844
## 8  9.351
## 9  8.530
```


このコードは「内側」から読んでいくとわかりやすいでしょう。まず最初にfilter()関数にデータフレームと取り出し条件を渡していますが、このfilter()関数が返すデータフレームはそのままselect()関数に渡ります。select()関数はそのデータフレームと2つ目の引数を受け取り、Root列だけからなるデータフレームを返します。いい感じです。

しかしこれは、慣れていない人には決して読みやすいとは言えません。そこで、登場するのが2つ目の技です。スティーブン・ミルトン・ベイチとハドリー・ウィッカムが作ったmagrittrという、まるで魔法のようなパッケージがあります。これはdplyrパッケージをインストールすると自動的にインストールされるので、自分で入手する必要はありません。この魔法では、**パイプ**と呼ばれる記号を利用します。Rでパイプとして使われるのは、「%>%」です。この記号を見たら「左辺の命令から返ってきたものを、右辺の関数に渡す」と考えるとよいでしょう。

理にかなったやり方だと思いませんか[注1]。さらに、使っていて楽しいので、一度使ったらやめられなくなるはずです。私たちもそうです。

では、先ほどの2つの関数を組み合わせた例を、パイプを使う形に書き直してみましょう。dplyrでパイプを使うとき、先頭にはデータフレームを指定します。

```
# Root values from Fruit > 80 subset
# Via piping
compensation %>%
  filter(Fruit > 80) %>%
    select(Root)

##      Root
## 1  7.614
## 2  7.001
## 3 10.253
```

注1　Unix/Linuxのパイプ「|」が「%>%」の元になっています。でもRでは「|」は他の意味で使われます。

```
## 4  9.039
## 5  8.988
## 6  8.975
## 7  9.844
## 8  9.351
## 9  8.530
```

コードを左から右、そして上から下の順に読むと、この3行のコードの意味するところは、(1) リンゴ収穫量データに対して、(2) filter()関数をそのFruit列に適用してFruit > 80が真になる行をすべて取り出し、それを(3) select()に渡して、そこからRootの列だけを取り出したものが最終的に得られるデータフレームである、ということです。わかりやすいですね。

この書き方のよいところは他にもいくつかあります。関数の引数として関数を入れ子にするやり方に比べると、パイプを挟んで並べる方が見やすいこと。またもっと多くの関数がお互いの引数となり得る場合でもわかりやすいこと。あと、そうですね、見た目がかっこいいでしょう？

3.7 データの各群の要約統計

ここまで来たらみなさんも、データを扱う自信がついてきたかもしれません。データを読み込んでその構造を確認し、filter()やselect()などdplyrの5つの命令を使ってデータの一部を操作することもできるはずです。それでは次に、データの要約を自由に作るための関数を紹介します。引き続き、リンゴ収穫量データを使って見ていきましょう。

compensationデータフレームには、Grazingというカテゴリカルな変数（列）があり、そこにはGrazedとUngrazedという2つの水準（変数の値）があります。データがこういう構造であることはつまり、リンゴの収穫量の**平均値**を水準ごとに求めることができる、ということです。データにこういった構造や群があれば、Rで手早く、鮮やかにその概要を見ることができます。

ここの鍵となるdplyrの関数は、group_by()とsummarise()の2つです。また、mean()（平均）とsd()（標準偏差。standard deviation）という2つの関数も使います。

3.7.1 要約のやり方

要約統計はいくつかのステップを順序よく踏んでいくことで得られます。dplyrを使うときは、以下のステップが中心になります。

1. データフレームと、データを群に分けるための変数を決める。
2. mean() や sd() など、要約を計算する関数を決める。
3. 要約として得られる数値に、素晴らしい名前を付ける。
4. 上のすべてをRに入力し、実行する。

ここでは、これを実行する方法を2種類紹介します。

3.7.2 方法1：パイプを使わず入れ子にする

1つ目は入れ子にする方法で、以下のようにコードを組み立てます。まずどんなデータかをよく知るためには、データから何が得られるのかを考え、確認しましょう。ここでは、カテゴリカル変数が1つあり、それには2つの水準があるので、各サンプルがどちらの水準を持つかで2群に分ければ、群ごとにリンゴの収穫量の平均値が計算できます。以下のコードで、水準がGrazedの木の収穫量の平均と、Ungrazedの木の収穫量の平均という2つの数値を持つデータフレームが返される、と考えられます。

```
summarise(
  group_by(compensation, Grazing),
          meanFruit = mean(Fruit))

## # A tibble: 2 x 2
##   Grazing  meanFruit
##   <fct>        <dbl>
## 1 Grazed        67.9
## 2 Ungrazed      50.9
```

このコードの2行目が、「内側」の仕事のキモです。group_by() 関数にデータフレームと、そのデータフレームを群に分けるための変数を指定しています。群に分けるのに複数の変数を使いたいときは、変数名をコンマで区切って並べるだけ。本当に簡単です。

コードの3行目では、Fruitの列の平均値を計算するように指定しています。どの行を使って平均値を計算するのかを、Rはgroup_by() から得る情報で判断します。引数にあるmeanFruitという単語は、先ほどの実行例のように、出力を見やすく整形するためのものです。

どうですか、きれいにできたでしょう？期待した通りに、Grazingの値によって、それぞれの平均値が計算されました。なお、この平均値を後で使いたい場合は、結果を代入演算子 <- で新しいオブジェクトに入れるのを忘れないでくだ

さい。たとえばmean.fruitというオブジェクトに入れるなら、以下のようにします。

```
mean.fruit <- summarise(
  group_by(compensation, Grazing),
         meanFruit = mean(Fruit))
```

3.7.3　方法2：入れ子にせずパイプを使う

すでにパイプを使う方法も試してみた、という人もいるかもしれません。パイプの方が解析手順の流れに沿った書き方になります。まず最初にデータフレームを指定するのは先ほどと同じですが、ここではsummarise()関数は他の関数の外側ではなく、最後の3行目に来ます。データフレームからはじまり、それを群に分け、各群について収穫量の平均値を計算しますが、これは以下のように書きます。

```
compensation %>%
  group_by(Grazing) %>%
    summarise(meanFruit = mean(Fruit))
```

3.7.4　要約統計とその拡張

group_by()とsummarise()の2つは素晴らしい関数です。group_by()はカテゴリカル変数なら何でもその値でデータを分割でき、mean()でもsd()でもmedian()でも自分で作った関数でも、何の統計量でも各群ごとに計算できます。

複数の統計量などを計算するのも、上のコードをほんの少し修正をするだけでできます。

```
compensation %>%
  group_by (Grazing) %>%
    summarise(
      meanFruit = mean(Fruit),
      sdFruit = sd(Fruit))
```

データがもっと多次元だとしても、このやり方を使えば朝飯前で、データの要約を非常に速く、効率よく得られます。

3.8　これまでに学んだこと

第1章からここまでで、Rでの計算、オブジェクトの扱い方を学びました。さらにスクリプトを使って、作業をすっきり整理するのにもだいぶ慣れたでしょう。データの整理、特にデータのRへの取り込み方と確認のしかたも身に付いたはずです。dplyrを使ってデータの列や行を操作したり、抜き出したりする方法も学びました。データの変換やソートも言うに及ばずです。あと、パイプの魔法が使えるようになりましたね。

さらに、基礎的な統計の計算を行い、群の扱い方を新しくいくつか学びました。データの中に期待した規則性があるかどうかを確認する能力が備わってきた、と言ってよいでしょう。一方で、Rを使ったデータの解析と管理という視点から考えると、もっとも重要なのはスクリプトを使うことです。これによって、**恒久的で、再現性があり、十分な情報と説明を記入でき、共有でき、クロスプラットフォームで利用できる**実行可能な作業記録が手に入るからです。

みなさん、ここまでに使ったスクリプト、保存してますか？

さてここまでの学習で、もっと真剣に遊ぶ用意ができたと思います。これからはデータの操作から一歩踏み出して、本当に重要な、作図を行います。意味のあるデータに基づいた図は、何らかの理論を反映するものであり、運がよければ、データを収集したときに設定した課題への答えを示してくれます。第4章では、このような作図について学びます。

付録3a　dplyrとそれを使わない方法の比較

以下の内容は頭の片隅に置いておくとよいとは思いますが、現時点で必須とまでは言えないものです。たとえば、研究室の誰かが大昔に書いたスクリプトを読むときや、ハドリーバース（訳注：ハドリー・ウィッカムらによる一連のRパッケージ群のこと。これらによってデータの読み込みや可視化などデータ解析に関する作業が革新的に効率的になり、そのデータ解析の世界全体をカバーする完結性が宇宙（ユニバース）にたとえられ、ハドリーバースHadleyverseと呼ばれています。`library`(tidyverse)でハドリーバースのライブラリが一通り読み込めます）になじめない古参のRユーザーと一緒に作業しなければならないときに役立ちます。Rに最初から備わっている**base**パッケージの関数群と**dplyr**の関数群の比較を表3.2に載せましたが、ここでも内容を大まかに説明しておきます。

dplyrを使う場合、データフレームの一部を取り出すときは`select`()、`slice`()、`filter`()関数を利用しますが、旧来の方法では、角括弧（[ ]）とコンマ（,）を使った添え字指定（**indexing**）と呼ばれる方法を利用します。この方法では、`mydata[rows, columns]`のように、コンマの前にほしい行の行番号、後に列や変数名を書きます。行や列の指定には、数字や名前、論理値など、いろいろな方法が使えます。このやり方は手っ取り早くて柔軟性があり、今でもかなり便利です。また、行を取り出すときは、**base**パッケージの`subset`()関数も使えます。これは**dplyr**の`filter`()と`select`()を組み合わせたような機能を持っています。行や列の並べ替えは、添え字指定と**base**パッケージの`order`()関数を組み合わせると実現できます。

dplyrの`mutate`()に対応するものとしては**base**の`transform`()があり、すでにある変数を変換して新しい変数を作る機能を持っています。その他にも、もっと簡単に、ドル記号$を挟んでデータフレーム名と新しい変数名をつなげ、それに値を代入することで新しい変数を作るという方法もあります。たとえば`mydagta$new_variable <- mydata$old_variable`というような感じです（表3.2参照）。

データ中の群についての情報を見たいときは、以前からある、`aggregate`()や`tapply`()関数が便利です。この本の旧版ではこれらについて詳しく説明しています。これらの関数では群と要約統計をそれぞれ引数として指定していましたが、**dplyr**では群は`group_by`()、要約統計は`summarise`()で指定します。

表3.2 よく行われるデータ操作について、旧来の**base**パッケージの関数を使う方法と、より新しい**dplyr**による方法の比較。角括弧 [ ] を使う場合はコンマの位置が重要ですが、その区別はかなり微妙かもしれません。旧来の関数については、ヘルプファイルでExtract(角括弧について)、subset、order、aggregate、tapplyを見るとよいでしょう。

操作	baseでのやり方	dplyrの関数	dplyrでのやり方
行の取り出し	compensation[c(2,3,10),]	slice()	slice(compensation, c(2,3,10))
列の取り出し	compensation[,1:2] OR compensation[,c("Root", "Fruit")]	select()	select(compensation, Root, Fruit)
条件による取り出し	compensation[compensation$Fruit>80,] OR subset(compensation, Fruit>80)	filter()	filter(compensation, Fruit>80)
行の並べ替え	compensation[order(compensation$Fruit),]	arrange()	arrange(compensation, Fruit)
列の追加	compensation$logFruit <- log(compensation$Fruit) OR transform(compensation, logFruit=log(Fruit))	mutate()	mutate(compensation, logFruit = log(Fruit))
データの群への分割	-	group_by()	compensation %>% group_by(Grazing)
要約統計	aggregate(Fruit ~ Grazing, data = compensation, FUN = mean) OR tapply(compensation$Fruit, list(compensation$Grazing), mean)	summarise() AND group_by()	compensation %>% group_by(Grazing) %>% summarise(meanFruit= mean(Fruit))

付録3b　dplyr応用編

dplyrの奥深くには、この本のような入門書では説明しきれない、本当にすごい機能がたくさんあります。この本では、そういった話題はほとんど割愛せざるを得なかったのですが、ここで少しだけ紹介しようと思います。この本の内容を一通り学習した後で、こういった機能が役に立つと思います。

1つ目は簡単です。2つのデータセットを結合するときは、join()系関数のどれかが役に立つでしょう。join()系関数にはいくつか種類があり、たとえば2つのデータセットに共通する行とそれぞれにしかない行があるとき、結合してそれらすべてを含めるか、共通する行だけにするかなどの機能で分かれています。

2つ目は、これが本当にすごいんですが、データ中の全サンプルをいくつかの群に分け、その各群ごとに違った値を使って個々のデータを変換できる、ということです。群ごとに要約統計を得る方法はこの章で見ましたが、それとは違います。たとえばリンゴ収穫量データにおいて、それぞれの群内の各値からその群での平均値を引きたい、とします。そのためにはまず、前と同じようにgroup_by()関数でデータを群に分けます。そしてやはり前と同じように、群の各サンプル値をmutate()関数で平均値を引いた値に変換します。以下に例を示します。このコードでは、ウシの放牧があるかどうかでデータを群に分け、各群のリンゴ収穫量の平均値を収穫量から引いています。もちろんパイプも使っています。

```
compensation_mean_centred <- compensation %>%
  group_by(Grazing) %>%
    mutate(Fruit_minus_mean = Fruit - mean(Fruit))
```

すごいでしょう？群ごとにFruit_minus_meanの平均値を計算して、それがゼロになっているかどうか確かめてみてください。

最後の3つ目は、データを分割した各群に対して、だいたい何でも実行できるということです。たとえば、各群で線形モデル解析を行うとしましょう。これを「やる」関数の名前は、驚くなかれ、そのまんまのdo()です。放牧のあるなしで分けた各群に線形モデルを当てはめるには、以下のようにします。

```
library(broom)
compensation_lms <- compensation %>%
  group_by(Grazing) %>%
    do(tidy(lm(Fruit ~ Root, data=.)))
```

このコードでは、`lm()`関数の出力を整形するのにbroomパッケージにある`tidy()`関数を使っています。これを使わないとコードがかなり複雑になってしまいます。

dplyrでは、もっともっといろんなことができます。上記はほんのお試しにすぎません。このことを心の隅にとどめておいてください。より理解を深めるには、みなさん自身のデータとそれに対する科学的な疑問を用意して、dplyrを使い、いろいろと試してみてください。そうでもしないと、dplyrの深みで迷子になってしまうかもしれません。

第4章 データを図で見る

4.1 どんなデータでも最初に図を描く

まず最初に、データ解析の非常に基本的なルールを言っておきます。それは、データ解析は統計の計算や統計解析からはじめてはならない、ということです。**常に**、図を調べることからはじめなければなりません。なぜだかわかりますか？再現実験で得られたデータや、慎重な実験計画に基づく十分な量のデータ、またはモデルから生成されたデータなどであれば、観測項目の間に何かしら理論的な関係性が想定・仮定されるでしょう。みなさんは、何らかの規則性があることを予想し、**期待している**のです。解析はそれに基づいて行います。

まず最初に、データをプロットしましょう。横軸、縦軸は、調べたい理論に応じたものを選びます。そうすれば、知りたいことが自ずと図に現れるかもしれません。図が描けて、そこに**期待する**規則性が見えたら、それはもう素晴らしいことです。もう答えが出たようなものです。

この章では、よく使われる3種類のプロットを紹介します。1つ目は散布図、2つ目は箱ヒゲ図、3つ目はヒストグラムです。色の効果的な使い方、またdplyrの関数と合わせて使う方法についても触れます。図の描画については、データの解析法にもう少し詳しくなってから説明した方がよいものもあるため、より複雑な内容は第8章で説明します。この本の初版では、エラーバー付き棒グラフについても詳しく説明していましたが、著者一同、棒グラフはキライなので、この版ではやめました。他にもキライな人は多いと思います。棒グラフでは、時に見えなくなるものが多すぎるのです（4.3節の脚注を参照）。

4.2 ggplot2の作法

この本では、ggplot2を中心とした描画方法を説明します。ggplot2の人気が高く、それゆえ膨大な量のオンライン資料やヘルプがあるという理由だけでなく、整理された（訳注：ロングフォーマットの）データとdplyrで作業をした場合、非常に効率的であるからです。これはもう、すごいの一語に尽きます。しかし、ggplot2には、最初はなかなか取っつきにくい部分もあります。なので以下では、基礎的なことからゆっくりと、これまで使ってきて内容もよくわかっている、compensation.csvを例にして進めていきましょう。

まずは基本的な書き方。ggplot2パッケージに含まれるggplot()関数を使って、シンプルで飾りのない、二変数の散布図を描く方法です。

```
ggplot(compensation, aes(x = Root, y = Fruit)) +
  geom_point()
```

プロットを実際に行うggplot()関数の引数として最初に指定するのは、dplyrの関数と同様、データフレームです（ここではcompensation）。面白いのが次の引数のaes()です。まず、これは関数です。そしてこの関数には、各座標軸にデータセットのどの変数をマッピングするかや、プロットの描き方（訳注：線の色や点の大きさなど）を指定します。この例では、プロットされる各データ点のx座標の値はデータフレーム中の変数Rootの値、y座標の値は変数Fruitの値にするよう指定しています。つまりここで、グラフの各軸に対応する変数を指定しているわけです。

ggplot2を使う上でもう1つ忘れてはならないのが、プロットの枠内にレイヤーを重ねたり、オブジェクトを置いたりして図を仕上げていくのがggplot2のやり方だ、ということです。一番下のレイヤーは、**常に**、プロットされるデータそのものとその描画方法の指定で、そこに実際の点や線など、データの値を示すためのレイヤーを重ねていきます。x軸やy軸のラベル（軸名など）も置けます。レイヤーやオブジェクトを追加していくのに、「+」記号を使うのがポイントです。

上の例では、最初の行の行末に「+」記号があって、そこでエンターキー／リターンキーで改行しています。そして次の行で、データ点を実際に示す図形のレイヤーを追加しています。ここでは点でプロットするので、geom_point()関数を使っています。

というわけで、先ほどの例はレイヤーが2枚あるプロットとなります（図4.1）。最初にデータと体裁を指定し、次に点を描いています。このコードを実行すると

(実行するのはスクリプトの中からですよ)、図が描かれます。デフォルトのグラフの見た目はお気に召したでしょうか? よく使われる基本的な図の設定方法については、後ほど紹介します。さらに第8章では、本格的な魔術的プロットをお見せします。

ですが、まずは、この例をよく見てみましょう。

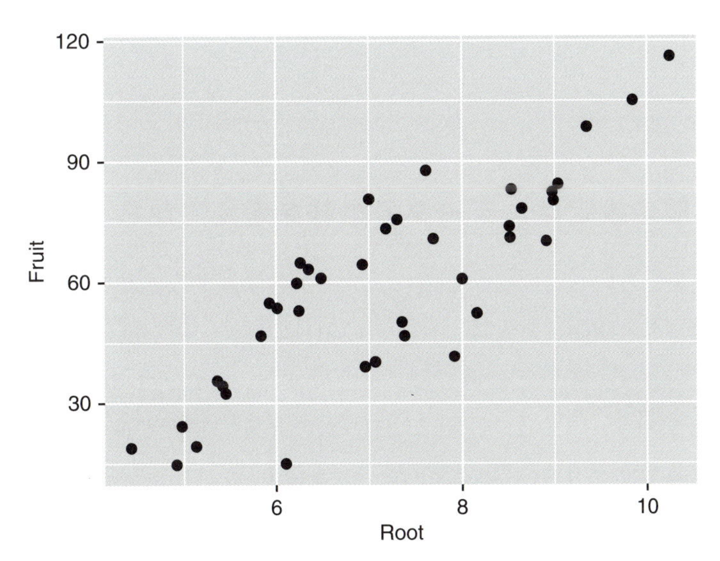

図4.1 ggplot()の散布図のもっとも基本的なプロット。

4.2.1 散布図を描く

さて。この章の作業をはじめるにあたって、まずは新しいスクリプトを開きましょう。スクリプトを保存するファイル名は何でも構いませんが、ここではscatterplot.tutorial.Rということにしておきましょう。#を使って思いつく限りたくさんコメントを書き込んでください。これで十分と思う量では、たいていの場合、足りていません。コメントのすぐ下にはrm(list=ls())を忘れないように。第3章で使ったリンゴ収穫量のデータセットcompensation.csvを、ここでも使いましょう。そうするとスクリプトの最初はこのようになるでしょう。

```
# plotting basics with ggplot
# my tutorial script
# lots and lots of annotation!

# libraries I need (no need to install...)
library(dplyr)
library(ggplot2)
```

```
# clear the decks
rm(list = ls())

# get the data
compensation <- read.csv('compensation.csv')

# check out the data
glimpse(compensation)

# make my first ggplot picture
ggplot(compensation, aes(x = Root, y = Fruit)) +
  geom_point()
```

4.2.2　図の設定は、データの意味を考えてから

図の設定をいろいろと変更する前に、データの学術的な意味を考えてみましょう。まずデータを観測した人は、データの項目の間に、何か関係性があるだろうと予想しています。先ほどの例では、そうですね、x軸を台木の大きさ、y軸を収穫量にしており、この2つの間にはハッキリと正の相関があります。**さらに、**どうやら放牧地かどうか（Grazingが「Grazed」か「Ungrazed」か）によって2つの群に分けられそうでした。

ここまで理解しておくと、データをどう描くのがよいか考えられるようになります。ここでは、「(1) 背景の灰色をとっとと取り払う（これはみんなが悩むところです）」「(2) 点の大きさを変える」「(3) 文字を変える」「(4) Grazingの値によって点の色を変える」という4つを行います。先に言ったように、第8章では、さらにグラフの見た目をいじり倒します。

4.2.3　あの灰色の背景、どうにかならないのか

ggplot2のプロット背景の灰色については、意見が分かれるところです。みなさんの好みはともかくとして、ここでは灰色背景をさっと取り払う方法を紹介します。ggplot2にはいくつかプロットのテーマが用意されているので、今回はその1つ、theme_bw()を使います。このようなテーマは、ggplot()の最後に加えるのがよいでしょう。

```
ggplot(compensation, aes(x = Root, y = Fruit)) +
  geom_point() +
  theme_bw()
```

ほら、簡単ですよね。次は、一発で点の大きさを変える方法をお見せします。

口で言うのと同じくらい簡単です。geom_point()関数で、size引数を指定するだけです。

```
ggplot(compensation, aes(x = Root, y = Fruit)) +
  geom_point(size = 5) +
  theme_bw()
```

ここまでできればそろそろ、x軸とy軸のラベルのことが気になってきますよね。これには、xlab()とylab()という関数を使います。


```
ggplot(compensation, aes(x = Root, y = Fruit)) +
  geom_point(size = 5) +
  xlab("Root Biomass") +
  ylab("Fruit Production") +
  theme_bw()
```

最後は、各データの水準によって、点の色を変えることでしたね。これはすなわち、統計モデルを図に反映することでもあります。ggplot2ではこれがとってもお手軽にできます。

```
ggplot(compensation, aes(x = Root, y = Fruit, colour = Grazing)) +
  geom_point(size = 5) +
  xlab("Root Biomass") +
  ylab("Fruit Production") +
  theme_bw()
```

コードが少しだけ変わったのがわかりますか？そう、ほんのちょっとだけです。点を色分けするには、colour = Grazingをaes()関数の引数に加えるだけです。これだけで図が見違えるようにわかりやすくなりますよね。まさに魔法です。ggplot()関数はGrazing変数の水準値(GrazedかUngrazedのどちらか)に、それぞれ色を割り当てています。デフォルトで割り当てられる色が気に入らなければ、他の色にもできます（第8章参照）。それにしても注目してほしいのは、この図を見ればデータの構造が**一目でわかる**ことです。凡例も見やすいですよね（図4.2）。

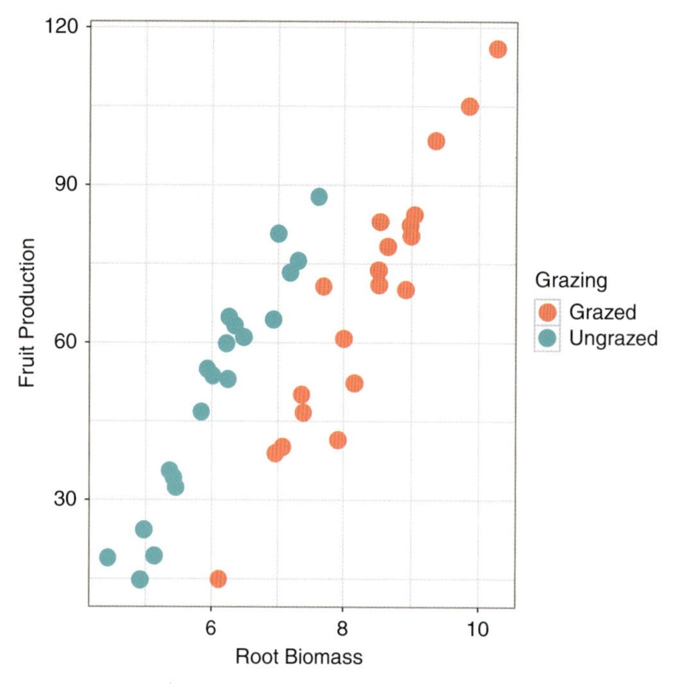

図4.2 ggplot()による散布図を見やすくしたもの。

あぁそうだ、簡単すぎて言い忘れていましたが、点の形を変えることもできます。aes()の引数に「shape = Grazing」を追加するだけです。

```
ggplot(compensation, aes(x = Root, y = Fruit, shape = Grazing)) +
  geom_point(size = 5) +
  xlab("Root Biomass") +
  ylab("Fruit Production") +
  theme_bw()
```

ここまでこの本の通りに作業を進めていれば、みなさんのスクリプトは次のようになっていると思います。とにかくコメントを十分に付けてください。このスクリプトがそのまま、簡潔で応用範囲が広く、好きなように書き換えたり共有できて、何回でも再利用できるプロットツールであり、その作業記録でもあるのです。

```
# plotting basics with ggplot
# my tutorial script
# lots and lots of annotation!

# libraries I need (no need to install...)
library(dplyr)
```

```
library(ggplot2)

# clear the decks
rm(list = ls())

# get the data
compensation <- read.csv('compensation.csv')

# check out the data
glimpse(compensation)

# make my first ggplot picture
# theme_bw() gets rid of the grey
# size alters the points
# colour and shape are part of the aesthetics
# and assign colours and shapes to levels of a factor
ggplot(compensation, aes(x = Root, y = Fruit, colour = Grazing)) +
  geom_point(size = 5) +
  xlab("Root Biomass") +
  ylab("Fruit Production") +
  theme_bw()
```


4.3 箱ヒゲ図

ここまでに作成した散布図は、生データそのものを見るのに便利です。一方でデータの様子を把握するには、データの傾向を示す代表値（中央値や平均値）や、推定統計量（標準偏差や標準誤差）などを使って分布の様子を図示することもよく行われます。生物学の分野では棒グラフを使うことが多いのですが、棒グラフでは見えなくなる情報が多すぎて、目的に合わないと最近は言われています[注1]。

そういうわけでここでは、棒グラフではなく箱ヒゲ図を使うことにします。箱ヒゲ図（box-and-whisker plot）も昔から広く使われているプロット方法です。どうしても棒グラフの作り方が知りたい場合は、この章を最後まで読めば、自分で検索して作れるようになるでしょう。また第5章では、実際に棒グラフを描きます。

リンゴ収穫量データをもう一度見て、Grazingの水準によってFruitの量（目的変数あるいは従属変数（response variable））がどう変化しているか見てみましょう。とりあえずRoot変数はいったん置いておきます。**ggplot2**には箱ヒゲ図用の`geom_()`系関数、そのままの名前の`geom_boxplot()`があります。使

注1　たとえばこの論文を見るとよいでしょう。Beyond Bar and Line Graphs: Time for a New Data Presentation Paradigm, PLOS Biology（http://dx.doi.org/10.1371/journal.pbio.1002128）

い方は次の通りです。

```
ggplot(compensation, aes(x = Grazing, y = Fruit)) +
  geom_boxplot() +
  xlab("Grazing treatment") +
  ylab("Fruit Production") +
  theme_bw()
```

最初のレイヤーにデータそのものと座標軸を指定するのは、散布図のときと同じです。ここでは x 軸はカテゴリカル変数で、水準の数は2です。ggplot()はそれを自動的に認識してくれます。

箱ヒゲ図には、簡単にデータの値そのもののプロットを追加できます。以下の例を見ると、ggplot()の使い道の広さと、レイヤーの重ね方がよくわかると思います。

```
ggplot(compensation, aes(x = Grazing, y = Fruit)) +
  geom_boxplot() +
  geom_point(size = 4, colour = 'lightgrey', alpha = 0.5) +
  xlab("Grazing treatment") +
  ylab("Fruit Production") +
  theme_bw()
```

この例のプロット（図4.3）では、データの値と中央値、そしてデータの散らばり方（分布の様子）がとても見やすく描かれています。さらに、よく見てください。geom_point()関数によるレイヤーで、すべての点の大きさ、色、透明度（alpha）を指定できるので、この例でもそれらを試してみました。

さて、そろそろスクリプトを保存するときです。これは本当に大事なことです。だってここまでの入力を、全部打ち直す気にはならないでしょう？

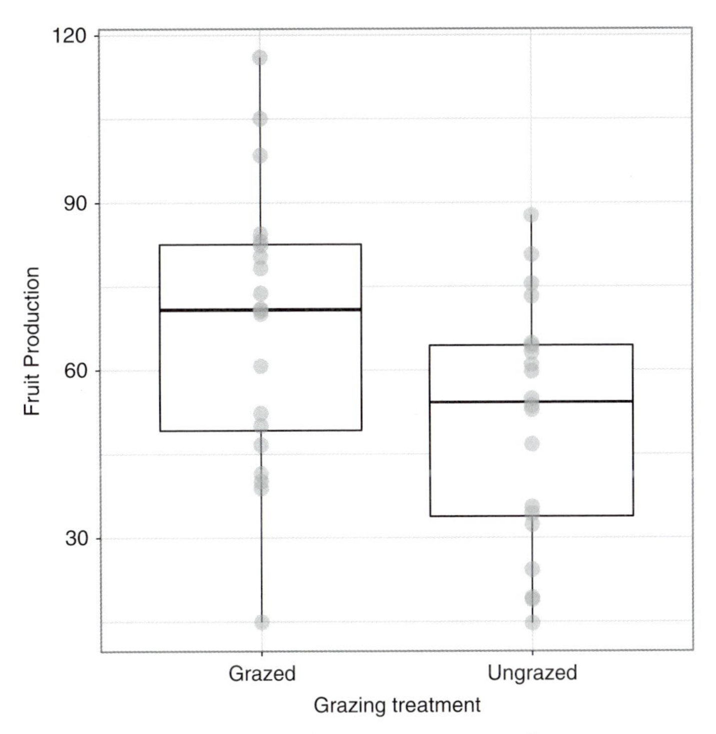

図4.3 ggplot()で描いた、データの値を重ねた箱ヒゲ図。

4.3.1 沈思黙考の時間

この章ではここまでに、立派なプロットを2つも描画しました。ちょっとは自信もついたことでしょう。みなさんのdplyrとggplot2のスキルは急上昇中で、Rも使いこなせるようになってきました。しかし描いたプロットを注意深く慎重に見ることを忘れてはいけません。もちろんプロットが示す生物学的な意味もです。そのためにプロットしたのですから。ここでは、おおよそ以下の内容を考えてみましょう。

- 実験開始時に台木が大きかった木は、収穫量も多いか？
- 放牧の有無は収穫量に影響があるか？

4.4 分布の様子：数値変数のヒストグラム

変数の値の散らばり方を見るのは、とにかく重要です。分布の様子を見れば、どの辺りを中心にして、どの程度広がっているのか、極端に外れた値があるのかどうかなどがわかります。統計検定というものが何をやっているのかは、だいたいこの分布の図で説明できます。

ggplot()を使って分布の様子を見るときは、geom_histogram()を使いますが、そのためには、ヒストグラムとは何かということを少しは知っておかねばなりません。いやいや、これは棒グラフとは違います。ヒストグラムでは、まずデータの値の分布している範囲を「階級bin」と呼ばれる区間に等分割します。そして各階級に何個ずつデータがあるかを数え、その個数をプロットします。

もちろんみなさんが数えるわけではありません。分割するのも数えるのも、全部パソコンがやります。ggplot()の使い方という点から見て重要なのは、aes()関数で指定する変数が、散布図や箱ヒゲ図と違って、x変数のみであることです。

ではリンゴ収穫量のヒストグラムを見てみましょう。

```
ggplot(compensation, aes(x = Fruit)) +
  geom_histogram()

## 'stat_bin()' using 'bins = 30'. Pick better value with
## 'binwidth'.
```

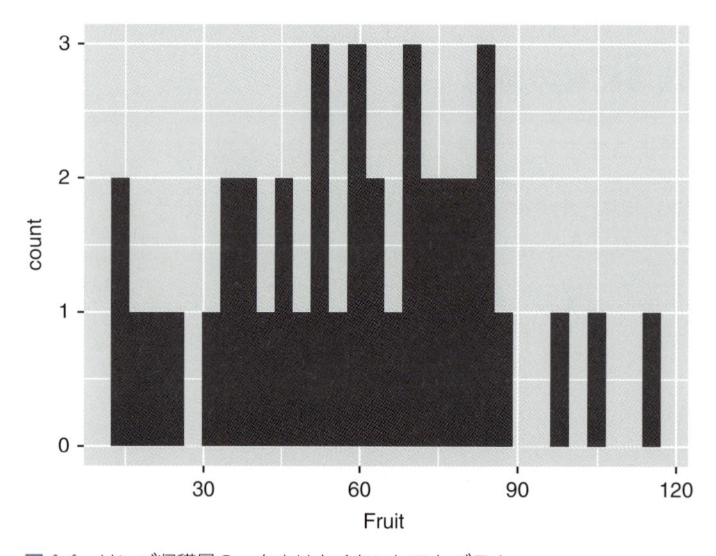

図4.4　リンゴ収穫量の、あまりよくないヒストグラム。

どうですか。何というか、もうちょっとうまく描けてもよさそうなものですね(図4.4)。コード実行時にggplot()がコンソールに出力した内容に注目してください。そう、「Pick better value with 'binwidth'.」(より適切なbinの幅(binwidth)を指定してください)とあります。この通り、階級の幅(したがって、階級に含まれるデータの数)は変えることができます。また、階級自体の数を指定することもできます（ggplot()のデフォルトでは、階級の数は30）。以下の2つの例ではどちらも、だいたい同じようなヒストグラムが描かれます（図4.5）。

```
ggplot(compensation, aes(x = Fruit)) +
  geom_histogram(bins = 10)
ggplot(compensation, aes(x = Fruit)) +
  geom_histogram(binwidth = 15)
```

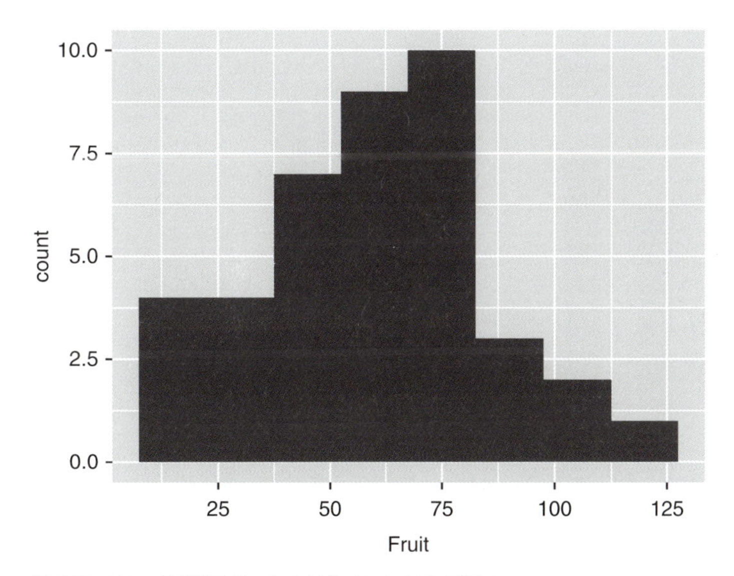

図4.5 リンゴ収穫量の、わかりやすいヒストグラム。

4.4.1 群ごとに見るのに便利なツール

ggplot2には他にも便利なツールがあるので、ここで紹介しておきます。データまたはサンプルがいくつかの群に分かれるときに有益なツールです。群のことは様相（facet）や格子（lattice）とも呼びますが、Rはこれを描くのが得意なことで有名です（かつてはlatticeというパッケージで提供されていた機能ですが、いまやbaseパッケージに取り込まれています）。

以下のやり方は、ggplot2を利用するどんなプロットでもたいてい使えますが、ここではヒストグラムを例にとります。ここで使うのは、えっと何でしたっけね……そう、facet_wrap()という関数です。それでは、リンゴ収穫量データのヒストグラムを、Grazing変数の値によってデータを**2つ**に分けて描いてみましょう。コードへの変更はほんのちょっと、関数を1つ加えるだけです（図4.6）。この技は知っておいて損はないです。

```
ggplot(compensation, aes(x = Fruit)) +
  geom_histogram(binwidth = 15) +
  facet_wrap(~Grazing)
```

facet_wrap()関数を使うときは、「~」記号（チルダ）を、群に分けるための変数の前に付けます。キーボードのどこにあるか、探して覚えておいてください。このあと、だんだん大事になってきます。

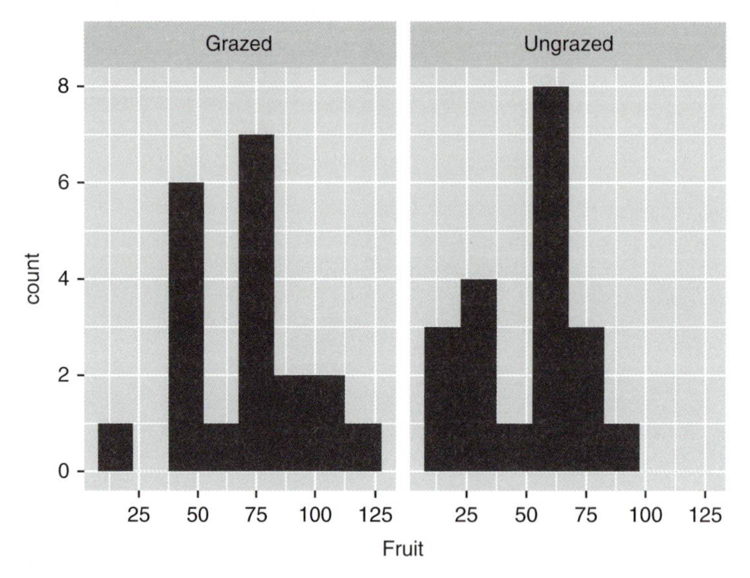

図4.6 リンゴ収穫量のデータを2つに分けて描いたヒストグラム。

4.5 プレゼンや論文に使う図を保存する

はい、みなさん、ここまでに3種類の図を作りましたね。データの構造が見やすくなるように色をつけたり、群に分けてプロットしたりしました。せっかくがんばって作った図なので、これらをプレゼン資料や論文などに貼り付けたい、とお考えでしょう。次に、そのための方法を2つ、簡単に説明します。

1. RStudioのウィンドウの右部分にある［Plot］タブを開き、［Export］ボタンを押し、［Save as Image...］（画像ファイルとして保存）、［Save as PDF...］（PDFとして保存）、［Copy to Clipboard...］（Ctrl-CやCmd-Cのようにクリップボードにコピー）のいずれかを選択します。画像ファイルとして保存するときのダイアログでは、画像フォーマット（.pngや.tiffなど）を選んだり、画像のサイズやファイルを保存する場所を指定できます。

Windows版、Mac版、Linux版いずれのプラットフォームのRStudioでもこの方法が使えます。

2. **ggplot2**には`ggsave()`というハイセンスな関数があります。`ggsave()`は、そのとき［Plots］タブに表示されている図を、引数で指定されたファイル名で保存します。このとき、ファイル名から画像フォーマットを自動的に認識して保存してくれるのが素晴らしい点です。こんな感じです。

```
ggsave("ThatCoolHistogramOfFruit.png")
```

これで、図が作業ディレクトリ（そのときRが作業場にしている場所）に`.png`形式で保存されます。もちろん他の場所も指定できるし、図の高さと幅、その長さの単位、解像度も好きなように変えられます。「?ggsave」でヘルプを見ると使い方はすぐわかります（訳注：すでにあるファイルと同じファイル名を指定した場合、そのまま上書きされ、もともとあったファイルは消滅します。「上書きしますか？」のような確認やダイアログボックスは出ません）。

4.6 終わりに

第3章とこの章で、Rでデータを管理、整形し、図を描くための道具が手に入りました。いろんなことができるようになり、素晴らしい力を手に入れた気がしませんか？まさにその通りです。実際かなりの内容を学習してきました。ここでみなさんがすべきことは、コーヒーを入れてクッキーを7.4枚くらい食べて、一休みすることです。そして疲れが取れて血糖値も上がってきたら、自分のデータを用意し、Rに読み込んで、いろいろといじり倒してみましょう。いくつか図を作ったり、要約統計を計算してください。そしてデータの構造をわかりやすく示す図を作りましょう。さらに可能であれば、何かしらの科学的考察を導く図を作れるかどうか、試してみてください。このとき忘れてはいけないのが、常にスクリプトにコメントを書き入れていくことです。どの作業においても、自分がわかりやすいように、自分の言葉でコメントを書いてください。

もしかすると、**dplyr**や**ggplot2**の使い方や関数名などが、英語として直観的に理解しやすいと感じた人もいるかもしれません（これは**dplyr**や**ggplot2**の大きな利点と言えるでしょう）。一度、基本的な使い方を理解すれば、美しく魅力的な図を簡単に作ることができます。そしてそれをスクリプトに書いておきさえすれば、いつでも、どこでも、誰でもまたその図を作ることができます。半年経って解析作業の内容をすっかり忘れていても、またすぐ図が作れます。何秒もかかりません。

さて次は、いよいよRで統計解析です。恐れることはありません。`ggplot()`とdplyrで図を山ほど描きます。統計解析はいつだって、図を見ることからはじまるのです。

図の作り方やggplot2の機能については第8章で、さらに詳しく説明します。

統計解析をちゃんとした手順でやってみる

5.1 まずはRで統計解析をはじめてみよう

何よりもまず、第4章の最初に触れた統計解析の大原則を振り返ってみましょう。「計算からはじめてはならない、**まずは図を見よ**」です。

これはなぜかと言うと、前に述べたように、統計解析ではデータの中にどんな関係性が**期待**できるか、最初に考えておくべきだからです。予想の通りになりそうかどうか、図を見れば考えやすいですよね。なので、まずはプロットを見ます。そこで、いきなり予想が正しいかどうか確かめられるかもしれません。では、図を見たら次は何をしましょうか。私たちのポリシーでは、作業手順は以下のようになります。

図を見た後は、検定すべき仮説を統計モデルとして表し、そのモデルをR言語で書く、という一種の翻訳作業へと旅立ちます。その仮説の中核を担ういくつかの変数の間に、何らかの関係性が見える図がすでに描けていたら、旅の苦労は少ないでしょう（または、経験を積むにつれ楽になっていくでしょう）。

ただ、その統計モデルをR言語で書いてRの中でモデルが作れても、そのモデルが意味のあるものになっているとは**限りません**。モデルの前提となっている条件が成立しているかどうかを調べることが重要です。たとえば、二標本t検定では2つのサンプル群の分散が等しい、分散分析（ANOVA）や線形回帰では残差の分布が正規分布である、などのような前提があります。これらの前提条件が成立しているのを確認できてはじめて、作った統計モデルに信頼性があると言えます。成立していると言えなければ、その統計モデルはいい加減な妥協の産物にすぎず、信頼できる結論は出せません。

作った統計モデルの示す意味は何かを考えはじめるのは、前提条件が満たされていることを確認してからです。ここまでくれば、統計検定や計算されたp値の意味を考えても無駄にはなりません。仕上げの段階では、モデルから考えられることをまとめて、図に示します。ここでモデルによる予測値やデータに当てはまる線を図に追加することもあるでしょう。

この章では異なる4つの解析例を取り上げるので、やや長めです。なので適当に休憩を入れながらやるとよいでしょう。4つの解析例はどれも同じ作業手順で進めます。(1) データをプロットし、(2) 統計モデルを作り、(3) モデルの前提条件の成立を確認し、(4) 作ったモデルの意味を解釈し、(5) データ**と**モデルを図に描く、という手順です。進めていく中で、これまでの章の随所で強調してきた作業原則を確認しつつ、しっかり身に付いているであろう**dplyr**と**ggplot2**のスキルを応用していきます。解析の長旅に出る準備として情報量の多い図を作っておくことが、いかに後の統計解析結果の解釈を容易にするかを示すのも、この章の目的です。なお、次章以降では、より幅広い統計解析をやります。第6章では二元配置分散分析（two-way ANOVA）、共分散分析（ANCOVA）、第7章では一般化線形モデルです。

5.1.1 心の準備

t検定やχ^2分割表、線形回帰、一元配置分散分析などの経験があまりない、またはこれらを使った統計解析の授業や演習を受けたことがない人には、この本を少しの間横において、軽く調べてきてください。これから統計解析の方法について説明しますが、この本の主眼はあくまで「Rではそういった解析をどうやるのか」です。以下ではみなさんが、どの検定をいつやったらいいのか、また各検定法ではどんな**仮説**を立てているのかについて、ある程度理解しているという**前提**で話を進めます。

5.2 χ^2分割表を使った解析

χ^2分割表を使った解析には、ポイントが2つあります。1つ目は、図を描くことです。そうだろうと思ってましたよね？ 2つ目は、確かめようとしている仮説の意味を、生命科学と統計解析の両面でよく考えることです。

χ^2分割表は、何かを数えたデータに対する解析法です。言い換えると、2つあるいはそれ以上のカテゴリカル変数の間に、何か関係があるかどうかを調べる方法です。この種の解析方法は、たとえば水準が2つあるカテゴリカル変数（性別：男／女、成熟度：幼生／成体、など）を1つ以上使ってサンプルを**分けられる**ようなデータセットがある場合に使います。データを見ながら説明しましょう。

5.2.1 テントウムシを数えたデータ

欧米でテントウムシと言えば、フタモンテントウ*Adalia bipunctata*がよく知られています（訳注：黒地に赤点の日本のフタホシテントウ*Hyperaspis japonica*よりほんの少し大きな別種）。工業地帯と郊外とで、フタモンテントウの赤い個体と黒い個体の数を数えたデータがあるとします。すると、変数は2つあって、各変数に水準が2つずつあることになりますよね？

こんなデータ、何のために取ったと思いますか？のどかな田舎と工業地帯を比べると、工業地帯では大気汚染のために昆虫の止まる建物や木々の色が黒っぽくなる、と長い間考えられてきました。昆虫の立場からすると、環境が黒っぽくなることで自分が目立つようになる、その結果捕食される、となると環境の色に適応しなければなりません。そこで、より黒っぽい環境（工業地帯）には黒っぽい虫が多いのか？を調べたいと思うわけです。データはもう観測したものとして用意しておきました。`http://www.r4all.org/the-book/datasets/`にあります。第2章でデータをダウンロードした人は、もう手元にこのデータがあるはずです。データファイルは`ladybirds_morph_colour.csv`です。

χ^2分割表を使った解析では「テントウムシの色と場所には関係がない」という帰無仮説が検定の対象です。「関係がある」が対立仮説です。関係の方向性、つまり原因と結果がそれぞれどっちなのかはこの検定では判断できませんが、検定をする前に図を描けば、少しは考えることができます。生命科学的には、赤と黒の各個体数の違いは、住んでいるところと関係があるのか？という問いに答えようとしているわけですが、こういった問いを考えるときは常に、それはどの程度一般性をもった記述になっているかを意識しておかねばなりません。ここでは、因果関係や各地域の様々な特徴は考慮されていないことを心の片隅に置いておきましょう。

さて、答えを出すべき問いは決まりました。ではデータを読み込んで、どんな様子になっているか見てみましょう。新しくスクリプトを開くときは忘れてはいけないことがいくつかありますよね？まず、お掃除命令を書いて、使うパッケージを読み込んで、作業ディレクトリを指定します。それからデータを読み込みます。

```
# My First Chi-square contingency analysis

# Clear the decks
rm(list = ls())

# libraries I always use.
library(dplyr)
library(ggplot2)

# import the data
lady <- read.csv("ladybirds_morph_colour.csv")

# Check it out
glimpse(lady)
```

```
## Observations: 20
## Variables: 4
## $ Habitat      <fct> Rural, Rural, Rural, Rural, Rural...
## $ Site         <fct> R1, R2, R3, R4, R5, R1, R2, R3, R...
## $ morph_colour <fct> black, black, black, black, black...
## $ number       <int> 10, 3, 4, 7, 6, 15, 18, 9, 12, 16,...
```

glimpse(lady)の出力を見ると、このデータセットはちゃんと整列されており、行数は20で、テントウムシが観測された場所が書かれていることがわかります。Habitat変数には、その場所が工業地帯（Industrial）なのか郊外（Rural）なのか、Site変数には各観測地の区別が、morph_colour変数にはテントウムシの色が、number変数にはその色のテントウムシが観測された数が書かれています。

（変数名については、たとえば最初の文字だけ大文字にするとか、いろいろな付け方がありますが、一貫して同じやり方にしておくとよいと思います。どんなやり方がよいかは、各自で決めて構いません。）

答えるべき問いに対してどのような解析をするかは、いろいろ考えられますが、ここではシンプルな方法でいきましょう（演習が目的ですから）。χ^2分割表を使って、色ごとの個体数が地域ごとに異なっているかどうかを検定します。

まず、表の各項目の値を計算しなければいけないことは、最初に気付くでしょう。さあ、これまでに身に付けたdplyr忍術を発揮するときが来ました。まずは、目的は何で、何をするのかを整理しましょう。ここでは表を作るために4つの数を計算します。2種類の地域における、各色の個体数の合計です。自分がいったい何をしているのか見失わないように意識しながら、作業を進めましょう。

5.2.2 図を描き解析するために、データを整理する

やりたいことがわかったら、何を使えばよいかもわかるはずです。dplyrパッケージのgroup_by()関数とsummarise()関数です。どうやればよいかもわかると思います。こんな感じでしょう。

```
totals <- lady %>%
  group_by(Habitat, morph_colour) %>%
    summarise(total.number = sum(number))
```

こうして作ったデータをプロットするのも簡単です。そしてここは、**唯一**、棒グラフを使ってもよい場所です（訳注：というか、棒グラフがわかりやすいと思います）。棒グラフはこんな感じで描けます。

```
ggplot(totals, aes(x = Habitat, y = total.number,
      fill = morph_colour)) +
geom_bar(stat = 'identity', position = 'dodge')
```

5.2.3 ggplot()で棒グラフをどう描いたか

描いた棒グラフ（図5.1）には、ちょっと説明が必要かもしれませんね。あれほど棒グラフはダメだと言っておいて、ここではあっさり使っちゃうの？と思うでしょう。それは、このテントウムシのデータのような計数データ（個数を数えたデータ）の場合、グラフのそれぞれの棒が1つの数値しか意味しないからです。プロットされた棒には、データ分布の要約統計の意味は含まれていません。そして、計数データは割合、比率のデータと同じでもあるからです（値が0になり得ます）（訳注：棒の長さがそのままデータの大きさを表します）。さらに、変動や変化について解析するデータではないので（訳注：横軸の値に順序や大小関係、あるいは対照群と比較群といった関係がなく、折れ線グラフは適しません）、棒グラフで見るのは**理にかなっています**。こういった場合、y軸が0からはじまる棒グラフは、データを見るのに適していると思います。

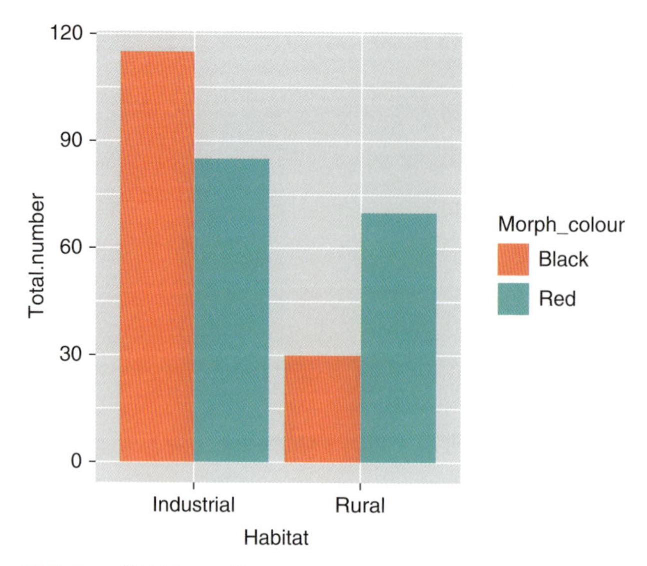

図5.1　工業地帯および郊外で観測された赤および黒のテントウムシの個体数の各合計。プロットの色はRのデフォルト設定の色です。

ここでのggplot()の使い方には、これまでとちょっと違う点があります。まずaes()関数にfill = morph_colourという引数がある点。これはプロットが線や点ではなく、棒グラフみたいに「面」がある場合に、どう塗り分けるかを指定する引数です。ここでcolour = morph_colourとすると、棒の**外枠**（四角形としてみたときの各辺）の色を指定できます（そうしたい場面もあるので、覚えておくとよいでしょう）。

geom_bar()の引数にはちょっと説明がいるかもしれません。stat = 'identity'は、データの値をそのまま、何の計算も変換もせずにプロットすることを指示しています。ggplot()には、やらせようと思えばなんだって**できますが**、この例では単に、**データをそのままプロットせよ**という意味で指定しています。position = 'dodge'はドッジボールのことでもアメリカの町の名前（訳注：西部劇の撮影で有名なカンザスのDodge City）でもありません。データ中の地域ごとに2つずつ（黒と赤の個体数の）棒を横に並べて棒グラフをプロットせよ、という指示です。これを除いて棒グラフをプロットすると、黒と赤の個体数を上下に重ねた棒が描かれます。

5.2.4　プロットの色をどうにかしよう

図5.1のプロットの色はRのデフォルト設定の色で、理想的な色使いではありません。だってテントウムシの個体数が、黒いのは赤、赤いのは青でプロットされています。黒いのは黒、赤いのは赤でプロットしてみましょう。つまり、色によっ

て赤と黒、どちらのデータ群であるかをわかりやすくするわけです。

各群（Habitat変数とmorph_colour変数の水準で決まる）を描き分けるときは、ggplot2に含まれるscale_ではじまり_manualで終わる名前の関数を使います。詳しくは第8章で説明しますが、ここではscale_fill_manualを使ってみましょう。この関数ではvaluesという名前の引数で色を指定します。

```
ggplot(totals, aes(x = Habitat, y = total.number,
       fill = morph_colour)) +
  geom_bar(stat = 'identity', position = 'dodge') +
  scale_fill_manual(values = c(black = "black", red = "red"))
```

素晴らしい！（図5.2）コードの最後あたりのvalues = c(black = "black", red = "red")という指定では、見たまま、morph_colourの各水準（ダブルクォーテーションがない方の文字列）に色を割り当てています。もし水準がlargeとsmallで、largeを黒色、smallを赤色にしたいのならば、values = c(large = "black", small = "red")となります。

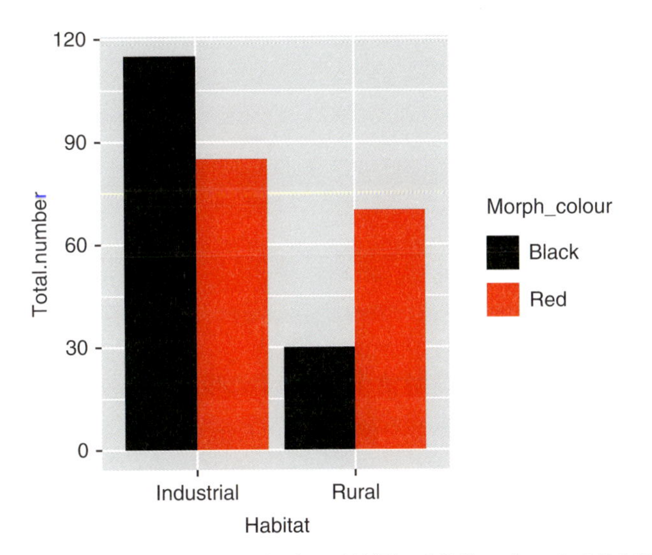

図5.2　テントウムシの各色ごとの地域別の合計数。プロットの色を指定しています。

5.2.5　図を見て、何を示しているかを考える

Rを操作してプロットができたところで、生物学に頭を戻してみましょう。色ごとの個体数の割合はどの地域でも変わらない、という帰無仮説は正しいのかそうでないのかという問いについて、図5.2を見ながら各自で、この時点での結論を考えてみましょう。

シンプルに考えて、工業地帯では黒い個体が、赤い個体に比べて多いようです。そう見えますよね？解釈がしっくりこない場合、χ^2分割表による検定は、その数えた値そのものではなく、割合や頻度について行われるということを思い出してください。図では、地域によって割合が**違う**ように見えます。つまり帰無仮説は**棄却される**だろう、と予想できるでしょう。

5.2.6　そしてここで、χ^2検定の計算

仮説を実際に検定するには、2つのステップがあります。2つ目のステップでは`chisq.test()`関数を使います。そしてこの関数を使うには、1つ目のステップとして、プロットでみた個体数データを行列の形にしておく必要があります。プロットで使ったデータはデータフレームでした。行列は、パッと見、データフレームとほとんど変わりませんが、違うものなのです。dplyrパッケージの関数はどれもデータフレームとしてデータのやり取りを行うので、分割表の4つのデータは、3つの列からなるデータフレームの1列にすべて収まっています。

```
totals

## # A tibble: 4 x 3
## Groups: Habitat [2]
##      Habitat morph_colour total.number
##   <fct>      <fct>               <int>
## 1 Industrial black                 115
## 2 Industrial red                    85
## 3 Rural      black                  30
## 4 Rural      red                    70
```

このデータフレームを、χ^2検定で使う行列の形に変換する方法の一例をお見せしましょう。今回は`xtabs()`関数を使います。Excelではクロス集計を行うときにピボットテーブルを使いますが、`xtabs()`もこのようなクロス集計を行います。

```
lady.mat <- xtabs(number ~ Habitat + morph_colour,
                  data = lady)
lady.mat

##              morph_colour
## Habitat       black red
##   Industrial    115  85
##   Rural          30  70
```

xtabs()には、引数でシンプルな数式とデータフレームを指定します。ここでのデータフレームは上で作ったladyで、これが元データになります（クロス集計表はすでに集計したtotalsからでも作れます）。数式の方は「データフレームlady中のHabitat変数とmorph_colour変数の各水準ごとにnumber変数の値を合計して、**クロス集計表**を作ってください」という意味になります。totalsデータフレームを作ったときにgroup_by()関数とsummarise()関数でやったのとまったく同じことが、この数式によって行われます。ただ作られるオブジェクトが、データフレームではなく行列になるというだけです。いい感じです。

では、できた行列を使ってχ^2検定をやってみましょう。

```
chisq.test(lady.mat)

##
##   Pearson's Chi-squared test with Yates' continuity
##   correction
##
## data: lady.mat
## X-squared = 19.103, df = 1, p-value = 1.239e-05
```

妙にあっさりした表示結果ですが、ここに検定結果のすべてがあります。データと帰無仮説が矛盾せず整合性がある確率は、非常に小さい（$p = 0.00001239$）という検定結果です。これはつまり、テントウムシの色が地域と何の関係もない場合に、データ収集を何度も何度も繰り返して、これと同じような（およびもっと偏りが大きいような）データが得られる確率はほぼ十万分の一である、ということです。これならデータが単なる偶然でたまたま出ただけ、と言われずにすみそうです。これだけ小さな数値であれば、帰無仮説を棄却して、何らかの関係性があると結論できます。プロットした棒グラフを見ても、工業地帯では黒い個体の割合が多く、郊外では赤い個体が多いのはわかりますよね。

これを論文にするなら、こんな書き方になるでしょうか。「テントウムシの個体の色が工業地帯と郊外という地域によって異なるか否かについてχ^2検定を行った結果、同じとは言えないという結論を得た（$\chi^2 = 19.1$、$df = 1$、$p < 0.001$）。工業地帯では黒い個体が赤い個体よりも多く、郊外では逆であった（図5.1）。」

ところで、出力に表示されていたイェーツの補正（Yates' continuity correction）とは何か、気になった人もいるかもしれません。χ^2検定の計算に小さな修正を入れて、データの値（ここではテントウムシの個体数）が小さいときに検定の信頼性を少し上げる方法です。χ^2検定の内部計算に詳しい人もいると思いますが、工業地帯と郊外での各色の個体数（観測度数）と、χ^2検定で計算されたそれらに対する期待度数はすべて、chisq.test()関数が返すオブジェクトに含まれています。names()関数を使うとそれらのリストが見られます。

```
lady.chi <- chisq.test(lady.mat)
names(lady.chi)

## [1] "statistic" "parameter" "p.value"   "method"    "data.name"
## [6] "observed"  "expected"  "residuals" "stdres"

lady.chi$expected

##             morph_colour
## Habitat          black       red
##   Industrial  96.66667 103.33333
##   Rural       48.33333  51.66667
```

5.2.7　データから解析までのまとめ

このχ^2分割表を使った解析の例は、主に2つのことを意識していました。まずデータを図に描くこと、そして生物学的に知りたいことを明確にし、統計検定によってその答えを出すということです。今やみなさんは、どちらの重要性もしっかり理解できていると思います。またχ^2検定の詳細にも少し触れました。しかし、この例から学ぶべきもっとも重要なことは、Rを使えば、簡単な作業で、データについての理解を深められるということです。作業を進め、図を作り、解析するためのスクリプトが、今みなさんの手元にでき上がっているはずです。それ、保存しましたよね？

5.3　二標本*t*検定

さて、先にも触れましたが、二標本*t*検定のポイントは3つあります。1つ目はもちろん、図を描くこと。2つ目は、モデルの前提条件を確認すること。これはモデルの意味を考えるときに非常に重要です。3つ目は、この2つの作業はRを使えば簡単にできること、です。

二標本*t*検定は、数値変数が二群あるときに、各群の平均値が異なるか、異なるとは言えないかを判断する方法です。各群のサンプル数があまり大きくないときに使う方法ですが、他にも前提としている条件があります。標準的に使われる二標本t検定は「スチューデントのt検定」と呼ばれますが、これは二群ともデータの分布が正規分布で、2つの群の分散が等しいことを前提としています。この点にはまたすぐ触れますが、まずは、データの分布を見るにはどんな図を作ればよいか、気になるかもしれません。ヒストグラムがよさそうな気がしますよね。

5.3.1　t検定演習用のデータ

まずはデータです。ここでは、ある都市の野菜畑で、オゾン濃度を量ったデータを見てみましょう。野菜畑はその都市の西側と東側に1つずつあります。測定値は大気中のオゾン濃度（parts per hundred million。pphm。$\times 10^{-8}$）です。レタスは、オゾン濃度が8 pphmを超えると品質が落ちます。開花が早くなり、全体的にゴムのようになってとても食べられたものではなくなるのです。それぞれの野菜畑での年間平均オゾン濃度に違いがあるのかどうか、調べてみましょう。

χ^2分割表の例でやったように、データを読み込んで、その構造を見てみてください。データファイルはozone.csvで、http://www.r4all.org/the-book/datasets/にあります。もうダウンロードしてますよね？手順を思い出しましょう。新しくスクリプトを開き、お掃除命令を入れ、必要なパッケージを読み込み、作業ディレクトリを設定します。その後、データを読み込みます。

ここでは読み込んだデータをozoneというオブジェクトに入れることにしましょう。read.csv()関数でデータを読み込んだら、たとえばglimpse()などを使って、どんなデータなのかよく見てみてください。ここまでを、前の例のスクリプトを参照しながら書いてみましょう。

```
glimpse(ozone)

## Observations: 20
## Variables: 3
## $ Ozone           <dbl> 61.7, 64.0, 72.4, 56.8, 52.4, 4...
## $ Garden.location <fct> West, West, West, West, West, ...
## $ Garden.ID       <fct> G1, G2, G3, G4, G5, G6, G7, G8...
```

glimpse(ozone)の出力を見ると、ozoneはデータフレームになっていて、列は3つあり、その1つはGarden.locationという名前で水準が2つあるのがわかります。.csvファイル中でGarden.locationの列が数値ではないので、Rは自動的にそれを水準である、つまりデータセットをいくつかの群に分けるのに使えるカテゴリカル変数の値である、と判断しています。

5.3.2 まずはプロット

解析作業のはじめにやることは……そう！図を作ることです。野菜畑の場所が2ヶ所あります。西と東です。東西のオゾン濃度を比較するにあたって、各場所で測定値がどのようにバラついているかというおおまかな傾向を見るには、どんな図を作ったらよいのか考えてみましょう。群は2つしかないので、ヒストグラムが見やすいでしょうね。

第4章で見たヒストグラムと様相（facet）のことを覚えていますか？ facet_wrap() 関数を使えば、プロットするとき、データを自動的に群に分けてくれるのでした。ここでもこれを使いましょう。第4章を見返しながらコードを書くとよいでしょう。

ヒストグラムが上下に重なって表示されたら、「(a) 各群の平均値は異なっていそうか」「(b) 各群は正規分布になっていそうか、分散は同じくらいか」を確認してみましょう。これがすなわち、二標本t検定における仮説を可視化して、前提条件を確認するという作業になります。ヒストグラムを描くコードはこんな感じです。

```
ggplot(ozone, aes(x = Ozone)) +
  geom_histogram(binwidth = 10) +
  facet_wrap(~ Garden.location, ncol = 1) +
  theme_bw()
```

図5.3のようなヒストグラムが出てくると思います。各群のデータの分布の様子が表現されています。これを見ると、どちらも正規分布になっていて、分散も同じという前提条件は、棄却するほどではないように見えます。ですので、前提条件は成立している、と仮定しましょう。もちろんRには正規分布しているかどうかや、等分散性を調べる関数もあります。なお、上のコードの ncol = 1 の意味については、みなさん、自分で試して調べてみてください。

こうやって縦にヒストグラムを重ねるとよいのは、帰無仮説、つまり二群の平均値に違いがあると言えるかどうかを、可視化できるからです。作った図をちらっと見ただけでも、ヒストグラムの頂点がx軸方向で左右にずれているので、帰無仮説は棄却できそうだなという気もしますが、一方でヒストグラムの広がっている範囲はかなり重なっています。となるとやはり統計的に解析する必要があります。そのためには、オゾン濃度の平均値や標準誤差を野菜畑ごとに計算するわけですが、それにはdplyr（の group_by() や summarise()）を使います。どうやればよいかは、これまでの章で身に付けているはずですから、実際にやってみてください。

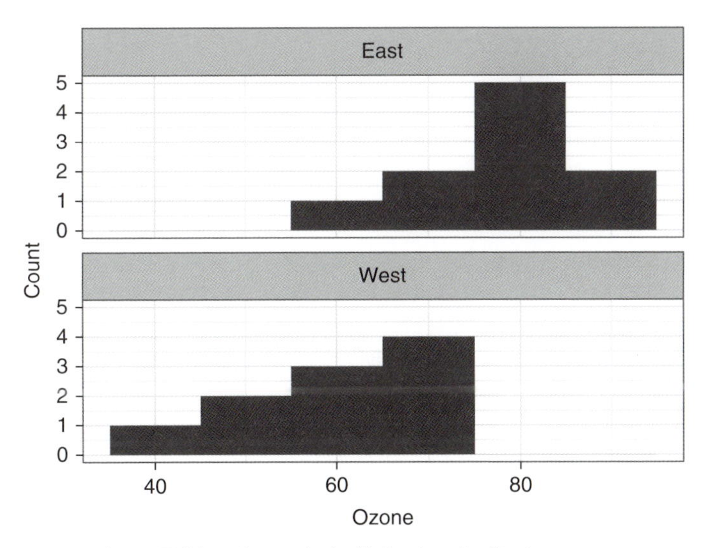

図5.3 東西の野菜畑におけるオゾン濃度のヒストグラム。

5.3.3 二標本 *t* 検定による統計解析

先ほど作った図によって、帰無仮説を棄却できそうだ、という価値のある予想ができました。まだ図を作っていない人は、すぐやってください。検定をやるのは図を見てからです。Rでは、`t.test()` という関数で *t* 検定が実行できます。ヘルプを見るともっとよくわかりますよ。では、スクリプトで以下のように書いてください。

```
# Do a t.test now....
t.test(Ozone ~ Garden.location, data = ozone)
```

`t.test()` の引数を見てください。関数に数式とデータを渡しています。データとしては、検定したいデータの入ったデータフレームを指定します。そりゃそうですよね。数式のところには、検定したい仮説を記述します。オゾン濃度（Ozone変数）の変動は場所（Garden.location変数）の関数になっているか？というのがその仮説です。この仮説を ~（チルダ）を使った数式の形で指定します。

では `t.test()` 関数の出力が、統計解析の作業手順の中でどういう位置づけになるのか見てみましょう。つまり以下の出力に対して、解剖学的な見方をしてみようというわけです。

```
##
##  Welch Two Sample t-test
##
## data: Ozone by Garden.location
## t = 4.2363, df = 17.656, p-value = 0.0005159
## alternative hypothesis: true difference in means is not equal to 0
## 95 percent confidence interval:
##  8.094171 24.065829
## sample estimates:
## mean in group East mean in group West
##              77.34              61.26
```

出力の最初の行は、これがいったい何なのかを教えてくれています。ウェルチの二標本t検定です。思っている通りですよね？「ウェルチ」という単語以外は。ここは要注意です。こっちが思っていたのとわずかに違うことをRがしている、ということがはっきり示されているので、無視するわけにはいかないのですが、これについては後ほど説明します。

次には、どのデータについての結果なのかが示されています。自分が思っていた通りの解析が行われているかどうか、常に確認するのはよい習慣です。その次の行にはt検定で計算される検定量であるt値、自由度、そしてp値が表示されています。ここでは、みなさんはこれらについて知っているものとして話を進めます。その下の数行に二標本t検定の大事なポイントがあります。まず対立仮説が表示されています。それは、2つの群の平均値の間には本質的に差がある、です。これまで帰無仮説についてだけ考えてきたので、対立仮説が書いてあれば、結果を理解しやすくなるでしょう。差が0であれば、それらは同じものであるということで、帰無仮説を棄却する理由はなくなります。

その下には95%信頼区間が出ています。この区間、つまり幅は、**2つの群の平均値の差**の真の値がこの区間内に存在する確率は95%だ、という意味です。平均値に差がなければ、差の大きさは0だということを忘れないでください。つまり、信頼区間の中に0が含まれていなければ、それが検定をする理由となった疑問に対する答え、つまり、2つの平均値はおそらく本質的に異なる、ということです。上にあるt値やp値も同じことを示しています。出力の一番下には、各群の平均値が表示されています。

では「ウェルチ」とは何かという問題に戻ります。ヘルプ（`?t.test`で見られます）かウィキペディアで見てみると、普通の二標本t検定が前提とする2つの条件のうちの片方、「2つの群の分散が等しい」という条件はなくてもよい、という方法のようです。一般にt検定の前には、二標本の分散が等しいかどうかを調べますが、等しいことを見いだすまでにそれなりの労力を費やします。しかし、みなさんは今や、等分散じゃないときのやり方を知ったわけです。

二標本t検定での等分散性を確かめる方法がある、と前に述べましたが、ウェルチのt検定を使えば、それは必要ないことになります。しかし、いつでもウェルチの方法を使っていればよい、とは言い切れない部分もあります。実際に対外的に発表するような検定を行うときは、使える検定法がいくつかありますから、どれも一通りやってみるとよいでしょう。たとえばt検定と似た使い方ができる`var.test()`という関数もあります。

```
var.test(Ozone ~ Garden.location, data = ozone)
```

5.3.4 *t*検定のまとめ

二標本t検定はよく、簡単にできると思われています。t検定が前提とする条件が成立しているようなデータを集めることができて、知りたいことを仮説として検定の対象にできるなら、t検定はよい選択肢です。でも、よい解析をするための手順は、常に順番通りに踏むようにしてください。t検定は結局、単に二群の平均値を比較するだけだからです。いつも必ず、データをプロットし、前提条件が成立しているかどうか確認し、それから解析結果を見て判断を行いましょう。

5.4 線形モデルという種類の解析法

ここまでの2つの例の検定では、比較的シンプルな判断を行いました。次も例自体はシンプルですが、**一般線形モデル**（General Linear Model）が登場します。一般線形モデルというのは解析法のカテゴリのことで、基本的なものとして単回帰、重回帰、分散分析（ANOVA）、共分散分析（ANCOVA）などが含まれます。これらのモデルはどれも、最小二乗法によってモデルを推定すること、残差が正規分布するという前提条件があること、という共通点があります。ここでは2つの例を試して、ここまで見てきた「**プロット**」→「**モデリング**」→「**前提条件の確認**」→「**モデルの解釈**」→「**図の仕上げ**」という解析手順を踏みながら、一般線形モデルの前提条件を確認します。

なお、この先では一般化線形モデル（Generalized Linear Model）というものも取り上げます。紛らわしいことこの上ないのですが、**一般**線形モデルと**一般化**線形モデルは違うものであり、GLMと略されるのは一般化線形モデルの方です。こちらは残差の分布の正規性を前提としなくてもいい方法で、第7章で紹介します。

ここからの2つの例では、うまくいかなくて困ることもあるかもしれませんが、試行錯誤することもスキルアップには必要な過程です。解析の中で新しい関数をいくつか使いますが、一番大事なのは`lm()`、その名前の通り線形モデル（Linear Model）のフィッティングを行う関数です。

5.5 シンプルな線形回帰

ここで解析するデータセットは、植物の成長速度が土壌中の水分量に依存するかどうかを調べるためのデータです。実験した人は、水が多ければ早く育つよね、と思ってこういうデータを取ったわけです（例はシンプルな方がいいですよね）。このデータには大事な特徴が2つあります。1つは、説明変数（あるいは独立変数。ここでは水分量）に対して目的変数（あるいは従属変数。ここでは成長速度）をプロットすると、その2つの変数の間に明確な関係性が見て取れることです。もう1つは、説明変数は連続値を取る数値変数であり、カテゴリカル変数ではない、ということです。

5.5.1 目視：データを読み込んでプロットする

データセットは、これまでの例をダウンロードしていれば、同じところにあります。この例のデータセットのファイル名は`plant.growth.rate.csv`です。さあ、スクリプトを新しく開き、お掃除命令を書き、**dplyr**や**ggplot2**など必要なパッケージを取り込んでから、データファイルを読み込みましょう。

うまく読み込めたら、`glimpse()`か、第2、3章で紹介したその他の関数で、データを見てみてください。ここでは`plant_gr`というオブジェクトにデータフレームとしてデータを読み込んだものとします。

```
glimpse(plant_gr)

## Observations: 50
## Variables: 2
## $ soil.moisture.content <dbl> 0.4696876, 0.5413106, 1.69799...
## $ plant.growth.rate     <dbl> 21.31695, 27.03072, 38.98937,...
```

思っていた通り、連続値を取る数値変数を2つ持つデータ構造であることがわかります。この2つの変数の値を散布図で見るには、`geom_point()`を使います。これだけで十分です。**ggplot2**の基本的な使い方の復習として、色や点の大きさを変えてみてもよいでしょう。この例では、y軸のラベルとして単位（mm/week）を含めたテキストを指定しています（図5.4）。

```
ggplot(plant_gr,
       aes(x = soil.moisture.content, y = plant.growth.rate)) +
           geom_point() +
           ylab("Plant Growth Rate (mm/week)") +
           theme_bw()
```

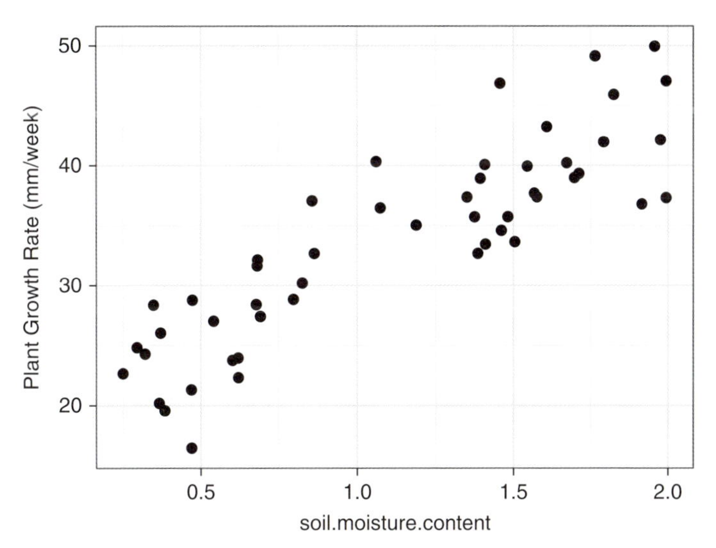

図5.4　単に関係性の有無を見るだけなら、凝った美しい仕上げは必要ありません。わかりやすさや手っ取り早さが大事です。

5.5.2　予想：図の意味を、生物学的に考える

これから一人前のデータサイエンティストとしてあらゆるデータを解析していくことになるみなさんとしては、図5.4をよく見ると、いくつか気付く点があるかと思います。まず、勾配（傾き）が右上がり、つまり正ですね。土壌中の水分量が多ければ、成長速度も速いということです。よかったですね。ちゃんと生物学的に正しくやれているようです。

2つ目に、傾きとy切片をおおざっぱに見て取れるはずです（自覚はないかもしれませんが、すでに統計解析をはじめていると言えます）。見てください。**ごくおおまかに言って**、成長速度は20～50 mm/weekの間くらいに思えます。で、やはり**ごくおおまかに言って**、土壌中の水分量は0～2の間あたりでしょうか。**そうすると**勾配は、やはり**ごくおおまかに言って**、30/2 = 15くらいです。y切片は、またまた**ごくおおまかに言って**、15～20 mm/weekあたりのように見えます。素晴らしい。上出来です。いつもこういうふうに図を見ましょう。常に、

計算をする前に、図から何が読み取れるか、いろいろ考えながら見るのです。さらに、統計モデルと観測値の間の誤差について考えるためには、データの自由度もわかるとよいでしょう。自由度は、データの点数から、推定によって決められるモデルのパラメータ（または係数）の数を引いたものです。

5.5.3　計算：シンプルな線形モデルを作ってみる

次のステップはより直観的です。lm()を使って線形モデルをデータに当てはめます。lm()関数を使うときは、xtabs()やt.test()と同じように、数式とデータを指定する必要があります。

```
model_pgr <- lm(plant.growth.rate ~ soil.moisture.content,
                data = plant_gr)
```

このコードは、左から順に読んでいくと「モデルをデータに当てはめてください。成長速度（plant.growth.rate）が土壌水分量（soil.moisture.content）の関数であると仮定します。使うのはデータフレームplant_grの中の変数です」という感じになるでしょう。わかりやすいでしょう？そしてシンプルですね。

5.5.4　確認：前提条件は満たされているか

さて、線形モデルをlm()が作ってくれました。となると、図を見ておぼろげに考えた勾配やy切片の値は正しかったのか、さらに、生命科学の数千年による叡知が示すように、水が多ければ植物が早く育つのか、確認したいと思うでしょう。しかし待った。焦りは禁物、ここは落ち着いて考えましょう。

まずは線形モデルの前提条件が満たされているかどうか、確認せねばなりません。ggplot2は線形モデルとは何かを知らないので、ggfortifyパッケージのautoplot()関数の助けを借ります。この関数にlm()で作った線形モデルを渡すと、非常に便利な図を4つ、作ってくれます（図5.5）。Rのbaseパッケージに詳しい人やこの本の初版で勉強した人は、plot()関数に線形モデルを渡したときに見られる図と同じだ、と気付くかもしれません。ggfortifyパッケージをインストールしたら、今後は、スクリプトの先頭にいつもlibrary(ggfortify)と書いておくとよいでしょう（訳注：実はggfortifyには動作が不安定なところがあって、よくわからない警告やエラーが出ることがときどきあります。単にもう1回autoplot()をやるとうまくいくこともありますが、ダメなときはplot()を使えば、コンソールでリターンキーを押すごとに4つの同じ図が順次表示されます。plot()ならプロットされた点とデータの番号が重なったりすることもありません）。

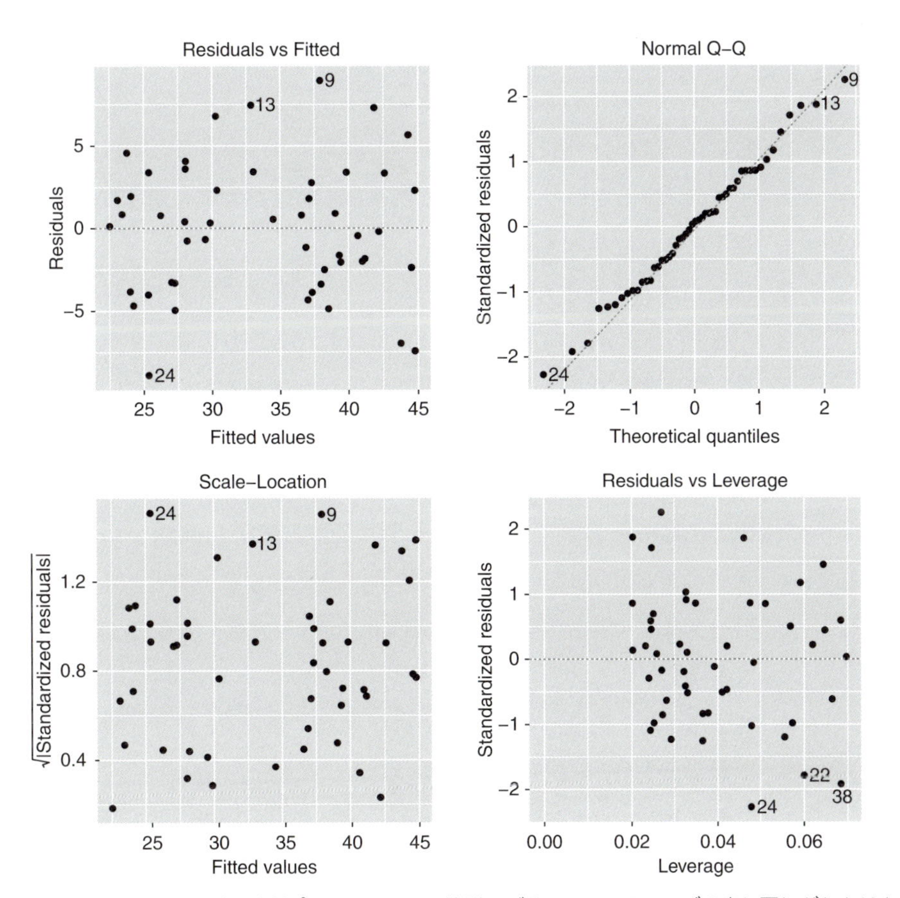

図5.5 なかなか便利な診断プロット。これで線形モデルのフィッティングの良し悪しがわかります。

このプロットを作るには、以下のようにします。

```
library(ggfortify)
autoplot(model_pgr, smooth.colour = NA)
```

しかし、図ができたのはよいとして、これらの診断プロットはいったい何を表しているのでしょうか。よく見れば少しはわかると思います。この場合の線形モデルとはつまり1本の直線ですが、4つのプロットはすべて残差、つまり直線とデータの差から描かれたものです。ここでは、残差って何？二乗誤差和とか平均二乗誤差はどうやって残差から計算するの？といったようなことは、みなさんにはわかっているものとして話を進めます。`smooth.colour = NA`という引数については、後で説明します。

では4つのプロットについて説明しましょう。

1. **左上パネル**：モデルが適切かどうかを確認できます。このプロットは直線がデータに合っていると言えるかどうかを表していて、うまくいってないときは、山や谷が現れて、モデルの構造に問題があることを示します。たとえば、そもそも直線ではうまく合わないデータであるときなどです。そういった場合は、分散均一性と分散不均一性を調べて、等分散という前提条件を確認すべきであるという、非常にごもっともな意見がありますが、そのためには左下パネルを見ます。
2. **右上パネル**：残差が正規分布かどうかを確認できます。残差が点で、破線が正規分布しているときの期待値です。残差のヒストグラムを描くよりは、サンプル数が少ないとき（100以下とか）は特に、このプロットの方が**ずっと**よいでしょう。
3. **左下パネル**：等分散性を確認できます。y軸は変動を示す値を標準化した指標で、常に正の値です。線形モデルでは、モデル直線が示す目的変数の予測値の分散は常に一定の値である、と仮定しています。でもたとえば計数データなどでは、平均値が大きいと分散も大きくなることがあります（第7章参照）。
4. **右下パネル**：テコ比（leverage）が確認できます。各データ点のモデルへの影響の強さや、勾配を予想よりも大きく変えるデータ点や、外れ値となるデータ点などがわかります。みなさんに統計に詳しい友人や指導教官がいれば、このプロットの重要性について主張してくれるかもしれません。もし身近にいれば、話を聞くとよいでしょう。

こんな説明じゃ全然わからない……という人や、一般線形モデルの前提条件を詳しく調べたことがない人は、統計解析の本を読んでください。文献1～4などがよい参考書になります（詳しくは「巻末付録2　参考文献」を見てください）。

ともかくこの例では、先ほどの診断プロットから見て取るべきメッセージは、すべてが順調であるということです。左側の2つのプロットには目立った規則性などはありません。右上のプロットから、正規分布性はあると言ってよいでしょう。右下のプロットでは、とりわけ強い影響を持つ点があるわけでもありません。もちろん正規分布性は、検定することができますが（クラスカル・ウォリスやアンダーソン・ダーリング検定が使えます）、それは各自で試してみるとよいでしょう（いや別に、そんなものどうでもいいと思っている……というわけじゃないですよ）。

さて先に触れた`smooth.colour = NA`ですが、これを指定せずにプロットすると、3つのプロットに重み付き回帰で当てはめられた折れ線が、重ねてプロットされます。これがデフォルトです。「= NA」は、これをプロットしないという指示になります。プロットされた方が便利だという人も多いのですが、私たちの感触では、これがあると逆にデータ点の分布が見えにくくなり、さらに、何も問題がないのに何かあるように見えてしまいがちです。簡単に言うと、線はない方がよいということです。何か問題があるときは、こんな補助（してくれない）線がなくてもわかります（第7章参照）。

5.5.5 解釈：モデルは生物学的にどういう意味か考える

ここまできてやっと、準備ができました。土壌水分量と植物の成長速度には関係がないという帰無仮説を、棄却できるかどうかを見る準備が整ったわけです。もし先の予想が正しいなら、水分量が0のときの成長速度（y切片）と水分量に応じた成長速度の変化量（勾配、傾き）の推定値を得る準備です。

これらは全部、anova()とsummary()という2つの関数で得られます。これから出てくるすべての一般線形モデル（と一般化線形モデル）でも同じです。

え？ anova()？って思いましたね？そう、anova()です。しかし、です。さあみなさん、私たちの後に声に出して繰り返してください。「anova()はANOVAをやりません。」正確に言えば、anova()は平均値を比較するタイプのANOVAはやりません。もう1回言いましょうか？いいでしょう。わかりましたね。anova()は昔からずっと使われている、二乗誤差和の表を作ります。この関数は説明変数の分散に対して他の変数の分散から分散の比を計算し、モデルのF値として表示します。またR^2の推定値と修正値を表示します。

summary()の出力は非常に明解で、得られたモデルそのものである直線の係数、つまり切片と傾きの推定値を表示します。もちろん他の量もたくさん表示しますが、それらを含めて、どう見たらよいか確認してみましょう。

まずanova()の表示する表です。

```
anova(model_pgr)

## Analysis of Variance Table
##
## Response: plant.growth.rate
##                        Df  Sum Sq Mean Sq F value    Pr(>F)
## soil.moisture.content  1 2521.15 2521.15  156.08 < 2.2e-16
## Residuals             48  775.35   16.15
##
## soil.moisture.content ***
## Residuals
```

```
## ---
## Signif. codes:
## 0 '***' 0.001 '**' 0.01 '*' 0.05 '.' 0.1 ' ' 1
```

統計の授業を受けたことがある人なら（みなさんがそうであってほしいのですが)、この出力は理解できるかもしれません。ここにはモデルの説明変数（この例ではモデルの説明変数は1つだけです）についてのp値、F値、自由度が表示されています。

この例ではF値が大きいですが、これは説明変数に起因する分散に比べて誤算の分散が小さいことを示しています。加えて自由度が1であることから、p値が非常に小さくなります。χ^2検定の例で触れたように、もし土壌水分量と生育速度に関係が**ない**場合、観測を何度も行っても、こんなに大きなF値が得られるのは数百万回に一回のはずです。とするとこれは、単に偶然出ただけの結果ではないと考えてよさそうな、よい数値だということです。

そして`summary()`の結果は以下のようになるはずです。

```
summary(model_pgr)

##
## Call:
## lm(formula = plant.growth.rate ~ soil.moisture.content,
   data = plant_gr)
##
## Residuals:
##     Min      1Q  Median      3Q     Max
## -8.9089 -3.0747  0.2261  2.6567  8.9406
##
## Coefficients:
##                       Estimate Std. Error t value Pr(>|t|)
## (Intercept)             19.348      1.283   15.08   <2e-16
## soil.moisture.content   12.750      1.021   12.49   <2e-16
##
## (Intercept)           ***
## soil.moisture.content ***
## ---
## Signif. codes:
## 0 '***' 0.001 '**' 0.01 '*' 0.05 '.' 0.1 ' ' 1
##
## Residual standard error: 4.019 on 48 degrees of freedom
## Multiple R-squared:  0.7648, Adjusted R-squared:  0.7599
## F-statistic: 156.1 on 1 and 48 DF,  p-value: < 2.2e-16
```

summary() 関数が表示する様々な推定値（Coefficients: の下の表の1列目、Estimateの列）は目的変数を説明変数で線形回帰したときのy切片と傾きに相当します。どっちがy切片の値だかわかりますか？もうちょっとまじめに言うと、この表を見て、ここでの傾きが、図ではx軸になっている説明変数（ここでは土壌水分量）の変化に対して生じる目的変数（成長速度）の変化量であることを理解してください。

最初にプロットした図を見て推測した内容を思い出してみると、**ごくおおまかに言って**、あの時点ではなかなかいい予想だったのではないでしょうか。勾配は30/2 = 15くらいの予想に対し、出力では最小二乗法により12.7と求められています。同様にy切片は15 ～ 20 mm/weekくらいの予想に対し、やはり最小二乗法で19.34です。計算で得られた値が図の上でも納得いくかどうか、確認してください。自由度も表示されていますが、図で数えたときと一致していますか？

t値とp値は、たとえば勾配の値が0と異なるかどうかを検定するのに使えます。この例では、いずれも0とは違う、と言えるでしょう。この結果は、以下のように作文できます。

「土壌水分量は植物の成長速度に正の影響を与える。土壌水分量の単位増加量に対して植物の成長速度の増加は12.7 mm/weekである（勾配 = 12.7、t = 12.5、自由度 = 48、$p < 0.001$）」

もっと論拠を増やしたいときは、anova() の出力を見て、F値と、自由度とp値を書くとよいでしょう。summary() で出力されることと、まったく同じ計算で得られる値です。ただ、どの一般線形モデルでも、t値とF値からいつも必ず同じp値が得られるというわけではありません。

5.5.6 作図：結果をうまく図にする

定番の解析手順の最後は、計算で得られたモデルを、生データをプロットした図の上で考え直すことです。ここでの例のようなシンプルな線形回帰では、ggplot2が助けてくれます。もっと難しい解析の場合はまた違った方法が必要ですが（第6、7章参照）、ここではggplot2の新しい機能を1つ使います（図5.6）。

```
ggplot(plant_gr, aes(x = soil.moisture.content,
          y = plant.growth.rate)) +
  geom_point() +
  geom_smooth(method = 'lm') +
  ylab("Plant Growth Rate (mm/week)") +
  theme_bw()
```

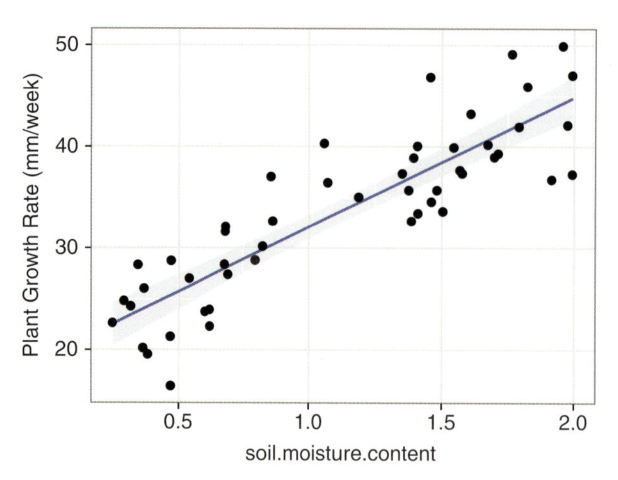

図5.6　説明変数が1つだけの場合、**ggplot2**を使って、当てはめた直線と標準誤差をデータ点に合わせてプロットできます。

ここで新しく出てきたのは`geom_smooth(method="lm")`というレイヤーです。これは**ggplot2**的に言うと「線形モデルで当てはめた直線と、透けた灰色の標準誤差をオレの図に放り込め」という意味になります。楽なもんでしょう？

注意点：これは驚くほどお手軽、便利です。説明変数が1つしかないこのシンプルな線形回帰では、`geom_smooth(method="lm")`は目を見張る活躍を見せます。モデルを作る**前**にデータを調べるときにも、`facet_wrap()`と合わせて使うことで驚異的な力を発揮します。ただ、問題がちょっと複雑になると、この方法はあまりうまくいきません。前に触れたように、後ほど、データに当てはめたモデルを図に入れる、安全確実な方法を紹介します。もうちょっと待っててください。いや待てない気持ちもわかりますけど。

この章では、シンプルな線形回帰モデルを使ってみることで、古典的な解析法でデータ中にある関係性を見つけ出すやり方を見てきました。つまり`lm()`で線形回帰モデルを当てはめる方法を学んだわけです。また`autoplot()`で4つの診断プロットを表示させ、モデルの前提条件が満たされているかどうかを確認しました。そして、ANOVAをやらない`anova()`と、直線の傾きと切片の推定値を表示する`summary()`で、`lm()`が何をやるのかを見ました。いやぁ、ひと仕事でしたね。あぁ、あと、**ggplot2**の技も1つ覚えました。いい感じです。

さぁ、では次の例に進みましょう。もちろん準備はOKですよね？でももし休憩を取りたい人がいたら、ここで休むといいでしょう。

5.6 一元配置分散分析（one-way ANOVA）

この章の最後は、一元配置分散分析（one-way ANOVA）です。解析作業そのものは前の例と同じくらいシンプルですが、データはちょっとだけ変わります。データフレーム中の説明変数が連続的な数値ではなくなって、因子、つまりカテゴリカル変数になります。

カテゴリカル変数はすでにcompensation.csvにもありました。Grazingという変数でしたね。これには、GrazedとUngrazedという水準が2つありました。ここでも似たようなものですが、水準の数が増えます。ここから使うデータセットはミジンコ、学名*Daphnia*として知られている生物と、もっとかっこいい名前のミジンコの寄生虫についてのデータです。

5.6.1 目視と予想：データの読み込みとプロット

ここで調べたいのはミジンコの成長速度についてなのですが、解析することが2つあります。「**問1**：寄生虫が成長速度に影響するかどうか」、そして、この実験観測がしっかりした準備に基づいて丁寧に再現実験を行っているからできる解析ですが、「**問2**：寄生虫がいないとき、つまり対照実験と比較して、3種類の寄生虫はそれぞれミジンコの成長を阻害するかどうか」です。お決まりの手順でいきましょう。「**プロット**」→「**モデリング**」→「**前提条件の確認**」→「**モデル解釈**」→「**プロットで確認**」です。ダウンロード済みのデータファイルのフォルダを覗いて、Daphniagrowth.csvというデータファイルを見つけてください。そして新しくスクリプトを開き、**dplyr**、**ggplo2**、**ggfortify**を読み込んで、お掃除命令を書いて、データファイルを読み込みましょう。ふぅ、できましたか？もうここまでは簡単にできるようになりましたよね？ここでは、読み込んだデータはdaphniaというオブジェクトに入っているとします。

```
glimpse(daphnia)

## Observations: 40
## Variables: 3
## $ parasite    <fct> control, control, control, control...
## $ rep         <int> 1, 2, 3, 4, 5, 6, 7, 8, 9, 10, 1, 2...
## $ growth.rate <dbl> 1.0747092, 1.2659016, 1.3151563, 1....
```

このデータフレームには変数が3つあるのがわかります。そのうちの2つ、growth.rateとparasiteを使って図を見てみましょう。もう1つの変数repは、各実験が何回目のリピート実験であるかを示しています。さて、プロットする命令をスクリプトに書く前に、このデータではちょっと考える必要があります。第4章を思い出してください。カテゴリカル変数の水準でデータが群に分けられるとき、目的変数の分布を見るには箱ヒゲ図が非常に便利でした。ここでも、まずは箱ヒゲ図を使うとよさそうです（図5.7）。

```
ggplot(daphnia, aes(x = parasite, y = growth.rate)) +
  geom_boxplot() +
  theme_bw()
```

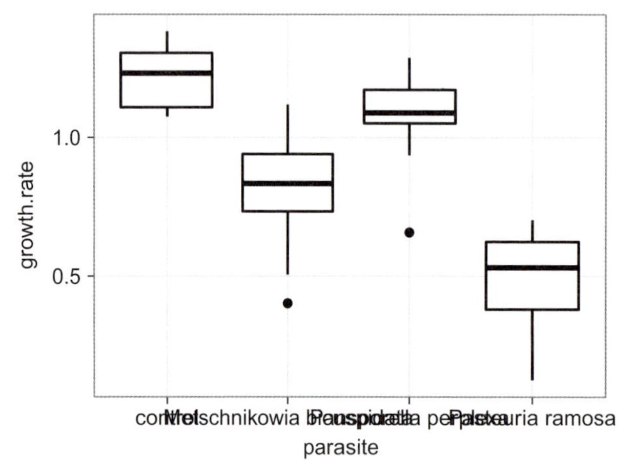

図5.7　寄生虫がいると、ミジンコの成長速度が変わります。

素晴らしい！思っていた通りの図が出てきました。ただ、寄生虫の名前がちょっと**長すぎ**て、ごちゃごちゃと重なって缶詰めのイワシみたいになっています。コレ、ヨクナイ、ナオス、ヒツヨウ、アリ。座標軸をいじる方法は第8章で取り上げますが、ここではとりあえず、ちょっと風変わりだけど面白い方法を紹介しておきます。座標軸の入れ替えです。まず`geom_boxplot()`でちゃんとした図が出てくるようにしたら、`coord_flip()`を使ってx軸とy軸を入れ替えます（図5.8）。こんなことをするのははじめてだ、という人もいるでしょう。しかしカテゴリカルデータを見るのに、とてもよい方法なのです。

```
ggplot(daphnia, aes(x = parasite, y = growth.rate)) +
  geom_boxplot() +
  theme_bw() +
  coord_flip()
```

見やすくなったでしょう？まだ完璧とは言えないかもしれませんが、少なくとも寄生虫の名前はわかるし、ここから推測できることは何かを、この図なら考えることができますね！

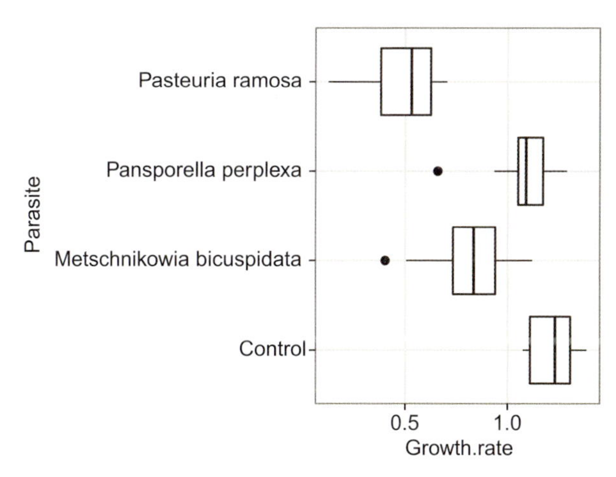

図5.8 寄生虫がミジンコの成長速度に与える影響の図が、これなら少し見やすくなります。

1つ目に、4つの観測条件でミジンコの成長速度がはっきり違うこと、そして2つ目に、成長速度がもっとも早いのは対照実験で、約1.2 mm/dayであることがわかります。3つ目に、対照実験の次に成長が早いのがおそらく*P. perplexa*、その次が*M. bicuspidata*（M. で略してますが、名前読めますか？）、一番成長が遅いのは間違いなく*P. ramosa*だ、ということがわかります（または目で見る限り、そう思えます）。寄生虫がいるかどうかは、成長速度に影響していそうです（問1）。また成長速度の順に実験条件を並べると、寄生虫はどれもミジンコの成長を阻害していて、成長速度は*P. ramosa* < *M. bicuspidata* < *P. perplexa*になっていそうです（問2）。

この図を見れば、各実験条件での成長速度の平均値や（対照実験では1.2くらいに見えます）、各条件の対照実験との差（つまり各寄生虫の成長速度への影響）、さらに処置群の自由度と誤差の自由度もおおまかに読み取ることができるでしょう。これらを図から見て取って、それを後ほどRが表示する計算値と比較するのは、非常によい練習になりますから、この例に限らず、いつも行うよう習慣づけるとよいでしょう。

では一元配置分散分析で線形モデルによる解析をやってみましょう。驚くことなかれ、一元配置分散分析（one-way ANOVA）には、`lm()`関数を使います。

5.6.2 計算：分散分析モデルの構築

見覚えのあるようなコードです。分散分析モデルは、説明変数がカテゴリカルになったこと以外は、前の例の線形回帰モデルとまったく同じです。

```
model_grow <- lm(growth.rate ~ parasite, data = daphnia)
```

5.6.3 確認：前提条件は満たされているか？

この本で一番短い節となった前の節で、前提条件が成り立ってるかどうか確かめる準備ができたことになります。線形モデルでも一元配置分散分析でも、まったく同じです。なので、前提条件を確認する作業も前とまったく同じで、autoplot()による4つの診断プロットを利用します（図5.9）。

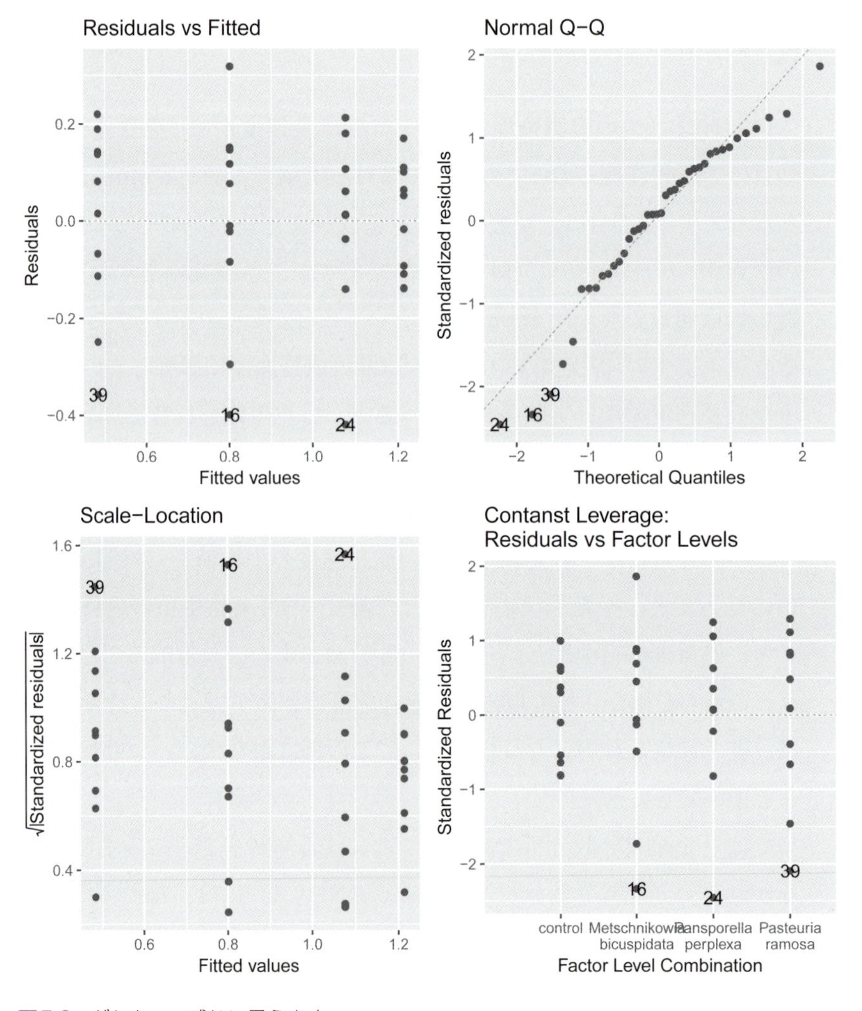

図5.9　どれもいい感じに見えます。

```
autoplot(model_grow, smooth.colour = NA)
```

うまくいかないときは、library(ggfortify)を実行したかどうか確かめてください。

簡単に言えば、4つのプロットを見る限り、おおよそうまくいっているように考えられます。ただ残差の正規分布性を見る右上のQQプロットは、ちょっと問題があるように思えるかもしれません。しかしこれくらいなら、正規分布する標本の様子として、通常見られる範囲に収まっていると言えるでしょう（私たちを信じてください）。正規分布性からの逸脱が実際にあるとしても、それは大きくはなく、心の中の主観的p値はすべて問題なし、です。納得いかないようだったら、シミュレーションで正規分布乱数を作って、それを図にする作業を繰り返してみてください。きっと納得できると思います。

というわけで、前提条件は満たされているだろうと見なして、線形モデルから言えることを2つの関数を使って考えてみましょう。anova()とsummary()です。そう、one-way ANOVAの結果が出たのに、それをanova()関数にかけるのです。

5.6.4　解釈：一元配置分散分析の結果

前の例と同じように、まずanova()をやってみましょう。これによって先の「問1：寄生虫は成長速度に影響するのか？」が判断できます。

```
anova(model_grow)

## Analysis of Variance Table
##
## Response: growth.rate
##           Df Sum Sq Mean Sq F value    Pr(>F)
## parasite   3 3.1379 1.04597  32.325 2.571e-10 ***
## Residuals 36 1.1649 0.03236
## ---
## Signif. codes:
## 0 '***' 0.001 '**' 0.01 '*' 0.05 '.' 0.1 ' ' 1
```

この出力は前の線形回帰の例と、ほぼ同じですね。それでいいのです。だってどちらも線形モデルですから。この出力からは、4つの実験条件を比較して、成長速度に対する寄生虫の影響がある、と言えます。

ここで一元配置分散分析の帰無仮説は何か、ちゃんと考えてみましょう。それは「どの群も同じ平均値を持つ集団から出てきたものである」です。ANOVAで計算するF値は、グループ間の分散とグループ内の分散の比を表します。前者が後者より大きければ、F値は大きくなり、そしてp値が小さくなり、「平均値には差はない」という帰無仮説が棄却されます。

次に、問2の「どんな影響があるか？」について考えます。この質問に答える方法は、いくつかあります。ここではまず1つの方法を取り上げた後、他の方法についても少しだけ紹介します。次に示す方法では、カテゴリカルな説明変数に対する線形モデルの係数を、Rではどのように表現するのかについて理解が必要です。

5.6.5　難解：処理対比（でも図を見れば簡単）

どんな統計解析のソフトウェアでも、分散分析の結果を要約表の形で示す機能があり、いろんな方法があるものの、いずれも「対比（contrast)」と呼ばれる値を表示します。Rで表示されるのは、そのうちの「処理対比（treatment contrast)」です。他のソフトウェアでも、GenstatやASREMLなどはRと同じですが、SASは違います。Minitabも違います。ということはつまり、違う統計ソフトウェアの出力は直接比較できないということです。どれがいいとか間違っているということではなく、ただ、互いに違うのです。

対比と何か、またその意味は何かを知らない人もいるかもしれませんが、要は統計モデル中の係数の表し方です。いくつか方法があるので、文献2、5（巻末付録2　参考文献）を読むとよいでしょう。自分の使っている統計解析ソフトウェアが表示するのはどのタイプの対比なのかを知らないと、その意味を考えることもできないし、またRと他のソフトウェアの結果を比較することもできません。他のソフトウェアを使ったことがある人は、?contr.treatmentでヘルプを見てみると、Rで表示する対比とはどんなものかや、他のソフトウェアに合わせた出力をさせる方法などがわかるでしょう。

それでは、Rでは何が行われているのかを学び、問2に対して、私たちは運がいいだけなのか、処理対比が答えを与えてくれるのかを明らかにするため、まずは要約表を見てみましょう。

```
summary(model_grow)

##
## Call:
## lm(formula = growth.rate ~ parasite, data = daphnia)
```

```
##
## Residuals:
##      Min       1Q   Median       3Q      Max
## -0.41930 -0.09696  0.01408  0.12267  0.31790
##
## Coefficients:
##                                  Estimate Std. Error
## (Intercept)                       1.21391    0.05688
## parasiteMetschnikowia bicuspidata -0.41275    0.08045
## parasitePansporella perplexa     -0.13755    0.08045
## parasitePasteuria ramosa         -0.73171    0.08045
##                                  t value Pr(>|t|)
## (Intercept)                       21.340  < 2e-16 ***
## parasiteMetschnikowia bicuspidata  -5.131 1.01e-05 ***
## parasitePansporella perplexa      -1.710   0.0959 .
## parasitePasteuria ramosa          -9.096 7.34e-11 ***
## ---
## Signif. codes:
## 0 '***' 0.001 '**' 0.01 '*' 0.05 '.' 0.1 ' ' 1
##
## Residual standard error: 0.1799 on 36 degrees of freedom
## Multiple R-squared:  0.7293, Adjusted R-squared:  0.7067
## F-statistic: 32.33 on 3 and 36 DF, p-value: 2.571e-10
```

少しずつ見ていきましょう。出力された「表」には各係数（推定値）に対応する4つの行があって、最初の行には (Intercept) と書いてあります。その行に約1.2という数値が見えますか？おっと、その値には見覚えがありますね。どこだったか、戻って見てみるとよいでしょう。そしてその行の下には、寄生虫の名前が並んでいますね。なるほど。でも何か足りないと思いませんか？データフレームの中にあった対照群、controlです。これはちゃんとこの表の中にあります。ただ名前が、「(Intercept)」になっているのです。

重要事項ANOVA編:処理対比を見るときに大事なのは、アルファベットです。Rはアルファベットで物事を見ます。出力はアルファベット順がデフォルトです。この例では処理対比も全部アルファベット順で、control < *M. bicuspidata* < *P. preplexa* < *P. ramosa*となっています。これは`summary()`関数の出力でも、図でも同じです。何であれ、終始一貫しているのはよいことです。

ANOVAでは実験条件をアルファベット順に並べたときに1番上になるものが(Intercept) として表示される、と思って構いません。この説明でわかりました？わかったら、解析の続きを楽しむ準備ができたことになります。

処理対比の値は、対照群となる水準（この場合ラッキーなことに、「control」群がそのまま対照群に選ばれました）と、他の水準との**差**を表します。したがって上で表示されている結果の要約表では、各寄生虫に付いている係数は、controlと各寄生虫での成長速度の差を表します。だから係数が負の値なのです。図5.10を見てください。この図の黒い線の長さがすなわち、差の大きさで、そして対比（contrast）が負なので、controlに比べて値が低いことがわかります。

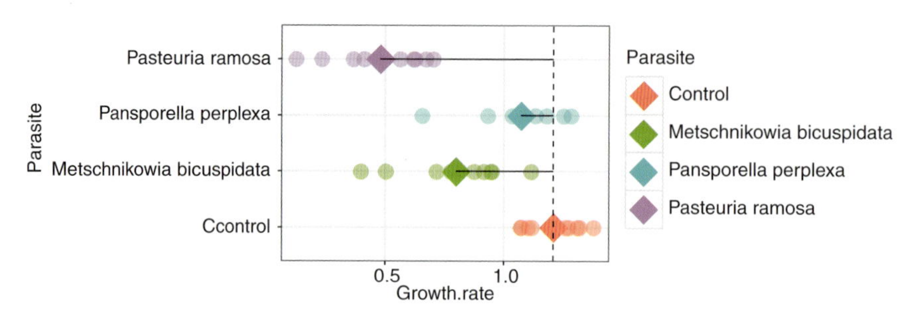

図5.10　成長速度のデータ値そのものと平均値、および対照群と寄生虫群との違い。

dplyrの`group_by()`と`summarise()`を使えば各水準／群ごとの平均値を計算できます。自分で対比の値を確認してみるといいでしょう。

```
# get the mean growth rates
sumDat<-daphnia %>%
  group_by(parasite) %>%
    summarise(meanGR = mean(growth.rate))

sumDat

## # A tibble: 4 x 2
##   parasite                  meanGR
##   <fct>                      <dbl>
## 1 control                    1.21
## 2 Metschnikowia bicuspidata  0.801
## 3 Pansporella perplexa       1.08
## 4 Pasteuria ramosa           0.482
```

逆に、1.21という値（対照群の成長速度の平均値）と`summary()`による要約表に表示された各寄生虫条件での処理対比の和を求めれば、その寄生虫の成長速度の平均値になります。たとえば*P. ramosa*の係数（要約表では−0.73）を使うと、1.21 + (−0.73) = 0.48で、これはすなわち*P. ramosa*の成長速度の平均値です。ただこうやって値を見るときは、どれが対照群になっているのか、意識しておかねばなりません（ただのアルファベット順ですからね……）。

最後に、要約表をもう1回よく見てみましょう。このデータセットは、ラッキーなものでした。controlがアルファベット順で1番上の水準になるから、これが対照群として扱われています。なので各水準の対比の値に付いているp値の解釈が楽になります。それはcontrolと各寄生虫条件での成長速度の違いが有意かどうかです。つまりこれによって、それぞれの寄生虫はミジンコの成育を阻害するのかどうか、を判断できます。ただ、みなさんは「検定の多重性の問題」というのを聞いたことがありますか？このp値を見るとき、もしかするとちょっとだけ、その点には注意した方がよいかもしれません。何のこっちゃ？と思ったら、詳しそうな人に聞いてみるとよいでしょう。

本当の最後に、もう1つ。図5.10のような図をみなさんも作ってみたい、と思うかもしれません。処理対比の意味を示すためにプロットの中に引いた破線と直線を別にすれば、これはもう、ほぼ見たままの感じでできます。`geom_point()`レイヤーを2つ使いますが、どうやるかわかりますか？1つ目のレイヤーではデータフレームからプロットすべき変数をそのまま引き継ぎ、2つ目のレイヤーでは、後から作った`sumDat`データフレームにある成長速度の平均値を、大きなひし形で描きます（図5.11）。

なお次の章では、これほどラッキーではないデータだったら、つまり実験条件の名前の中でcontrolという対照群がアルファベット順で1番上にならないときはどうしたらよいか、を紹介しています。このときは対比の値が対照群と各条件との差にならず、この章の例ほど直観的には見られないため、困ったことになります。少しだけネタバレしておくと、これには`relevel()`という関数を使うのです。

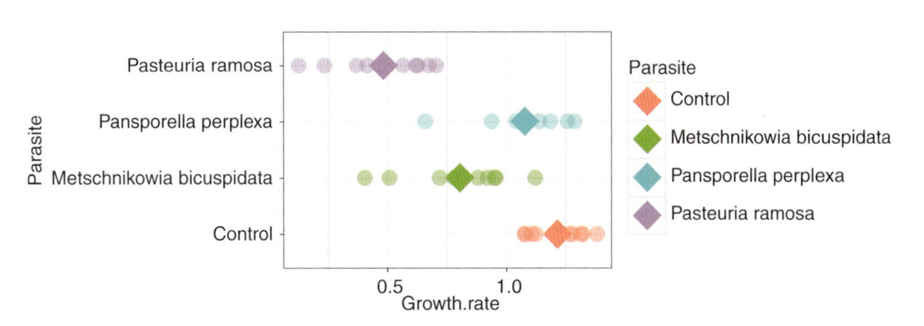

図5.11　各寄生虫条件における成長速度の各データ値と平均値。

5.7 まとめ

この章で押さえておくべき点を、以下にまとめてみます。

- 定番の、お決まりの解析手順を確実に踏むこと。
- 統計の計算をする前に、知りたいことに対する答えを示す図を、必ず作って見ること。
- 統計の計算をする前に、勾配、y 切片、対比、自由度などの値を、まずは図から可能な限り多く読み取ってみること。
- 計算によってモデルができたら、その意味を考える前に必ず、前提条件が満たされているかどうか確認すること。
- 自分の導いた結論が一目でわかる見やすい図を作り、生物学的に（統計学的にではなく）どういう意味になるのかを説明する文章を付けること。
- Rを使えば、これらが全部簡単にできること。

付録5　CRAN以外からのパッケージのインストール

ggfortifyのようなパッケージをインストールしようとすると、ときどき「そんなのはCRANにはない」というエラーが出ることがあります。CRANで公開するためのテストに通っていなかったり、または何というか、日が悪かったりするのです。この本を書いているときにも、しばらくの間ggfortifyがCRANからダウンロードできなかったことがありました（訳注：この訳をやっているときにも、同じことがありました）。何かの理由でCRANから削除されたのでしょう。そういうときは、インストールしようとしても図5.12のようなメッセージが表示されて、インストールできません。こういうときの対処法がいくつかあります。

```
> install.packages("ggfortify")
Warning in install.packages :
  package 'ggfortify' is not available (for R version 3.2.4)
```

図5.12　ggfortifyをインストールしようとしたら出てきた警告メッセージ。

1つ目は、そのパッケージが一度はCRANにあったのなら、その古いバージョンはまだあるだろうということです。Googleで「ggfortify cran」と検索すれば、ファイルがいくつか並んでいるだけの何ともわかりにくいページへのリンクが出てくると思います。そのファイルのうちの1つ（これを書いている時点では）ggfortify_0.1.0.tar.gzを見つけたら、これをダウンロードします。そのとき、自分のパソコンの中のどこにダウンロードしているのか、しっかり確認しておきましょう。そうしたらRStudioの［Packages］パネルの［Install］ボタンをクリックします。そして［Install from:］の下で［Repository CRAN］ではなく、［Packages Archive File (.tgz; .tar.gz)］を選ぶと、ファイルを選ぶウィンドウが出てくるので、そこでダウンロードしたファイルを選び、［Install］ボタンをクリックします。みなさんが使っているバージョンのRで、その（もしかしたら古いかもしれない）パッケージがちゃんと動くことを祈りましょう。

2つ目のやり方は、もっとシンプルです。現在、多くのパッケージがGitHubと呼ばれるウェブサービス上で開発、公開されていますが、RにはGitHub上で開発中のパッケージを直接インストールする機能があります。ggfortifyの場合もこれが使えます。以下のようにするとGitHubから直接インストールできます。

```
install.packages("devtools")
library(devtools)
install_github("sinhrks/ggfortify")
```

まず、**devtools**というパッケージをインストールします。そして`library()`で**devtools**を読み込んでから、GitHubのウェブサイトから直接**ggfortify**を、ダウンロードしてインストールします（コード中のsinhrksというのは、**ggfortify**の開発者の1人でパッケージの管理をやっているマサアキ・ホリコシさんのGitHubでのユーザー名です）。なおこのやり方では、そのパッケージの正式公開版ではなく、開発途上版がインストールされることがあります。でもあまり気にする必要はありません。その違いには気がつかないことも多いですから。

第6章 もっと高度な統計解析をやろう

6.1 さらに高度で複雑な統計解析

第5章では、χ^2分割表、t検定、線形単回帰、一元配置分散分析という4つの例で、Rの統計計算の出力とその解釈のしかたを見てきました。ちょっと大変だったかもしれませんね。この章では、さらに説明変数が複数あるような複雑な統計モデルを使った解析に進みましょう。ただ複数といっても2つです。統計モデルは二元配置分散分析（two-way ANOVA）と共分散分析（ANCOVA）を使います。この章でもこれまでと同じように、統計解析の手法やモデルの詳細には踏み込まず、Rでどうやって解析作業を進めるかに重点を置きます。なので分散分析や共分散分析のことを知らない人は、少し勉強しておいてください。ここでは、Rの中で数式を立てて、できた統計モデルを解釈してみるのが目的です。作業手順はもちろんこれまでと変わりません。「**プロット**」→「**モデリング**」→「**前提条件の確認**」→「**モデルの解釈**」→「**図の仕上げ**」という手順です。ただし、dplyrとggplot2の恩恵が、これまでよりさらに大きくなります。

6.2 二元配置分散分析（two-way ANOVA）

第5章で行った一元配置の分散分析では、統計モデルの説明変数はparasiteという名前のカテゴリカル変数1つで、水準が4つありました。二元配置分散分析はこれを拡張した形をしており、解析対象の観測データの構造として、カテゴリカルな説明変数を2つ持ちます。

つまり、二元配置分散分析では、データが二次元の構造を持っていることになります。目的変数の値は、2つの説明変数のそれぞれの値に応じて変化すると想定されます。このような、二元配置分散分析を想定したデータ観測を計画する一番の目的は、目的変数がどれか1つの説明変数の値によって変化しているときに、その説明変数がもう1つの説明変数に**依存して**変化しているかもしれない、それを確かめたいということです。このような事象を**交互作用**と言います。交互作用は複数の説明変数がある場合の仮説で、よく考察対象になります。「**依存**(depend)」という言葉は、以降を読み進める上で大事な用語なので、覚えていてください。

6.2.1　ウシの生育データ

では例題のデータを持ってきて、データ表の形を確認し、二元配置分散分析における仮説はどんな性質なのか、把握することにしましょう。ここでは、ウシの生育データを使います。このデータでは、ウシに3種類のエサの中から1つを与えています。エサはbarley（大麦）、oats（燕麦）、wheat（小麦）のどれかです（アルファベット順になっていますよ。気付きましたか？）。エサには、4種類の添加物のうちのどれか1つが混ぜられています（control（対照実験）と、他は何か、とにかく変な名前のものです）。このデータで大事なことは、エサと添加物のすべての組み合わせについて3回ずつ観測された（訳注：データを見るとわかりますが、実際は4回ずつです）、水準の値の組み合わせをすべて網羅するように計画された実験によるデータだ、ということです。つまり、エサ3種類×添加物4種類＝12の組み合わせがあり、各組み合わせについて3頭ずつウシを調べた、ということです（モーモーモー……×36）（訳注：データを見てみるとわかりますが、リピート数は実際には4なので、データは48行あります）。

この時点で、誤差を計算するための自由度、主効果（平均平方）、交互作用を計算する準備ができました。これらの用語の意味が全然わからないという人には、ちょうどよいタイミングです。統計の本を読んで少しお勉強してください。それでは、図を描いてデータの様子を把握することにしましょう。

データファイルの名前は`growth.csv`です。他の例のデータファイルと同じ、`http://r4all.org/books/datasets/`に置いてあります。スクリプトを新しく開いて、何に対して何をするスクリプトなのかコメントを書き、お掃除命令を入れ、ライブラリを読み込み、`read.csv()`でデータを読み込み、そして`glimpse()`などでどんなデータなのかを見ます（訳注：`read_csv()`ではなく`read.csv()`です。p65の訳注参照）。ここでは、ファイルから読み込んだデータを`growth.moo`というオブジェクトに入れたとします。

データがちゃんと読み込まれているかどうか、そしてデータはどんな形式になっているかを確認しましょう。

```
glimpse(growth.moo)

## Observations: 48
## Variables: 3
## $ supplement <fct> supergain, supergain, supergain, supergain, contro...
## $ diet       <fct> wheat, wheat, wheat, wheat, wheat, wheat, wheat, w...
## $ gain       <dbl> 17.37125, 16.81489, 18.08184, 15.78175, 17.70656, ...
```

二元配置の分散分析の例題なので、予想通り、glimpse()の出力を見ると、2つの変数がカテゴリカル、そして1つの変数が数値なのがわかります。カテゴリカル変数はfct、数値変数はdblと表示されています。ここから解析の道筋を考えていきます。Rの**base**パッケージにlevels()という素晴らしい関数があります。これを使うと各因子（カテゴリカル変数）の持つ水準（level）を表示してくれます。お手軽で便利です。levels()では見たい変数を指定するのに$記号を使います。これで、データフレームの中の列を指定することになります。

```
levels(growth.moo$diet)

## [1] "barley" "oats"   "wheat"

levels(growth.moo$supplement)

## [1] "agrimore"  "control"   "supergain" "supersupp"
```

表示されたものの順序をよく見てください。いずれも、アルファベット順ですね。なので、添加物にはcontrolという水準がありますが、これが先頭ではなく、agrimoreという名前の添加物が先に来ています。対照群、という言葉を覚えていますか？おおよそ普通の解析なら、controlという水準を持つサンプルからなる群を対照群にしたいものです。ここで役に立つのがrelevel()です。これは、まさにこのための関数で、自分の思う水準値が対照群となるように因子を入れ替えてくれます。これを**dplyr**のmutate()と一緒に使います。

```
# relevel the supplement column
growth.moo <-
  mutate(growth.moo,
         supplement = relevel(supplement, ref="control"))

# check it worked
```

```
levels(growth.moo$supplement)

## [1] "control"   "agrimore"  "supergain" "supersupp"
```

なんて素敵な！読み込んだデータのsupplementの列を上書きして、controlが対照群となるようにしました。よかったですね。エサの方の対照群は本当はOats（燕麦）ですが、それはまた後で、みなさん各自でやってみてください。

これできれいな図を描く準備ができました。図を描くのは楽しい作業ですよね。12通りの組み合わせ、それぞれにおける成育の早さの平均値を`mutate()`で計算して、`ggplot()`でプロットしましょう。ここで作りたいのは、交互作用について考えやすいわかりやすい図です。最初に、dplyrで平均値を計算して、次にその要約統計を図にします。では、やってみましょうか。

6.2.2　目視その1：dplyrで要約統計（まず数値で見る）

ここではパイプを使って、`growth.moo`と名付けた私たちのデータセットを調べてみましょう。サンプルを群に分けるのに使う変数は2つでしたね。その2つの変数の名前を`group_by()`関数の引数で指定します。

```
# calculate mean and sd of gain for all 12 combinations
sumMoo <- growth.moo %>%
  group_by(diet, supplement) %>%
    summarise(meanGrow = mean(gain))

# make sure it worked
sumMoo

## # A tibble: 12 x 3
## Groups: diet [?]
##    diet   supplement meanGrow
##    <fct>  <fct>         <dbl>
##  1 barley control        23.3
##  2 barley agrimore       26.3
##  3 barley supergain      22.5
##  4 barley supersupp      25.6
##  5 oats   control        20.5
##  6 oats   agrimore       23.3
##  7 oats   supergain      19.7
##  8 oats   supersupp      21.9
##  9 wheat  control        17.4
## 10 wheat  agrimore       19.6
## 11 wheat  supergain      17.0
## 12 wheat  supersupp      19.7
```

6.2.3 目視その2：ggplot()で交互作用を図で見る

よし。ここからは少し面白くなります。sumMooオブジェクトから各水準ごとに値をプロットします（図6.1）。x軸にはsupplementを指定します。これは、この例題で考えているのは、次の仮説が正しいかどうかだからです。これについては、後ほど検討します。

「ウシの体重増加（gain）に対する各添加物（supplement）の効果は、エサの種類（diet）によって変わる」

```
ggplot(sumMoo, aes(x = supplement, y = meanGrow)) +
  geom_point() +
  theme_bw()
```

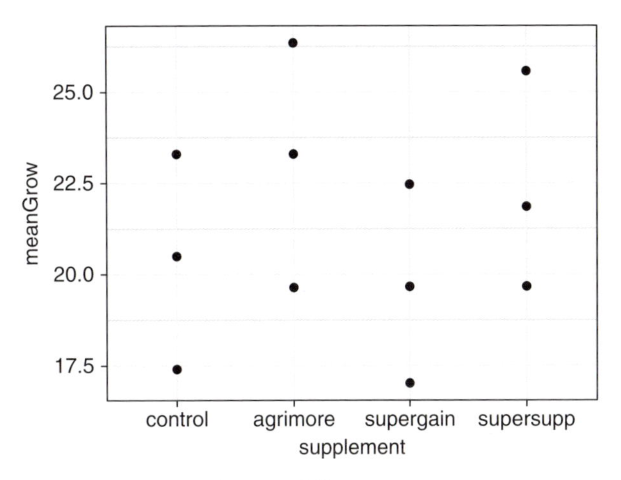

図6.1　ウシの体重増加の図。装飾なし。

いい感じですね。次の作図ステップは、プロット点を結ぶことです（図6.2）。エサの種類（diet）ごとに色の付いた線で結べば、上の命題について考えやすくなるでしょう。先ほど描いた図にレイヤーを追加して、線の色と結び方として colour = dietとgroup = dietを指定すればきれいに描かれます。

```
ggplot(sumMoo, aes(x = supplement, y = meanGrow,
                   colour = diet, group = diet)) +
  geom_point() +
  geom_line() +
  theme_bw()
```

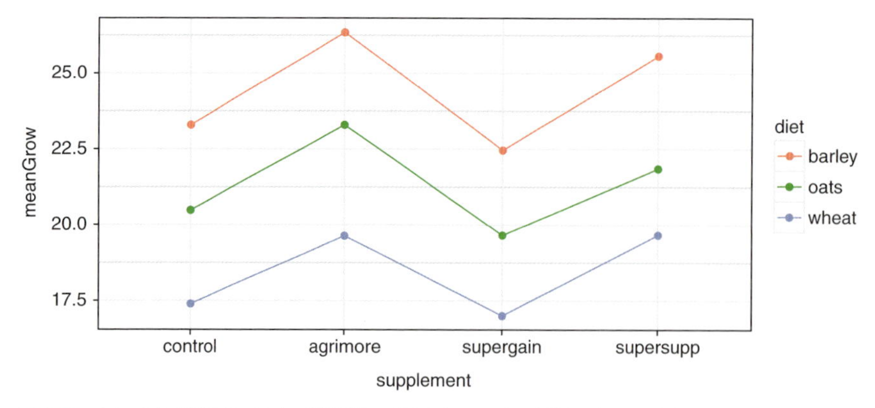

図6.2　ウシの体重増加に対する添加物の効果は、エサの種類によって変わっていますか？

6.2.4　予想：生物学的観点から図を見る

「ウシさん、牛乳ちょうだい！」の他に、図6.2を見て言うべきことはあるでしょうか？それぞれの添加物のウシの体重増加に対する効果は、エサの種類によって変わっていると思いますか？考え方の1つとしては、まずエサが燕麦（dietがoats）の場合に各添加物が描くパターン（訳注：折れ線の形）に注目し、そのパターンがエサごとに異なっているか、同じであるかを見ます。この図では、各添加物のパターンはエサごとに並行の関係にあると言ってよいでしょうか？もし、エサごとのパターンが同じ形で、折れ線グラフがおおよそ並行していると見るならば、それは**交互作用がない**だろうと考えたことになります。つまり、ウシの体重増加に対する添加物の効果は、エサの種類によっては**変わらない**ということです。

しかしそれは、エサの種類を変えても何の効果もない、という意味ではありません。実際図を見てみると、もしあなたがウシだったら、大麦（barley）を食べれば巨大に成長し、世界の覇者になれます。また、添加物の種類を変えても効果がないということでもありません。2種類の添加物は、エサが何であっても生育を増強しているように見えます。

これらを合わせて考えると、3本の線のパターンは似ていて、どちらの軸の変数も効果がある（ように見て取れる）ことから、交互作用はなさそうだけれど、添加自体には効果がある、と言えそうです。考え方の大枠はこんな感じです。これでモデルを作る準備ができました。

6.2.5　計算：二元配置分散分析モデル

モデルを作るに当たって、まずは検定の対象となる帰無仮説を正確に決めましょう。それさっき考えたよね？と思った人もいるでしょうが、もう一度、考えてみます。「ウシの体重増加（gain）に対する各添加物（supplement）の効果は、エサの種類（diet）によって**変わらない**」が帰無仮説です。ここで大事なことは、2つの因子（変数）による変動を観測するような実験計画は、その因子の間に何かしらの関係、交互作用があるかも、と思っているから作る、ということです。つまり、目的変数の値に対する1つの変数の効果はもう1つの変数の値によって変わるかも、と考えているわけです。なので、帰無仮説は「加法的（additive）」モデルになります（訳注：互いに独立な二変数の線形和、つまり二変数の値に係数をかけて足すだけで目的変数の値になるモデル）。すると対立仮説は「交互作用がある」になります。というわけで、交互作用を**組み込んだ**モデルをデータに当てはめる必要があります。後でやりますが、加法的モデルと交互作用のある対立仮説モデルの違いが、検定対象になるわけです。

この種のモデルを作るときには特有の記法があります。だいたいどの統計解析プログラムでも似ていますが、2つの説明変数の間にアスタリスク記号「*」を使うのです。たとえば「diet * supplement」と書くとこれは、「diet + supplement + diet:supplement」というふうに展開されて、dietの（主）効果、supplementの（主）効果、dietとsupplementの交互作用、の3つをモデルに組み込むことになります。

モデルを作る関数は、線形モデルのときと同じlm()です。この関数に、上の記法でモデルを指定して実行します。

```
model_cow <- lm(gain ~ diet * supplement, data = growth.moo)
```

「*」記号がどういうふうに働いているのかは、また後で見ることにして、まずはモデルの前提条件がちゃんと満たされているかどうかを目で確認しないといけませんよね。これは線形回帰や一元配置分散分析のときと変わりません。今までと同様に、4つの診断プロットを見てみましょう。

```
autoplot(model_cow, smooth.colour = NA)
```

6.2.6 確認：モデルの前提条件

見た感じ（図6.3）では、特に悪いことはなさそうですが、かといって完璧とも言いづらい感じです。モデルの値と残差のプロット（Residuals vs Fitted。左上パネル）には、このモデルが悪いと言えるだけのパターンなど、ハッキリしたものはなさそうです。このモデルには交互作用も組み込まれているので（なので非常に柔軟性や表現力が高い）、このプロットは問題なしになりやすいのです。

モデルの値と標準化残差のプロット（scale-localtion plot。左下パネル）にもこれといったパターンは見えません。第7章でまた触れますが、ここでは取り立てて気にするものは何もありません。下右パネルでも、目立った外れ値はないことがわかります。

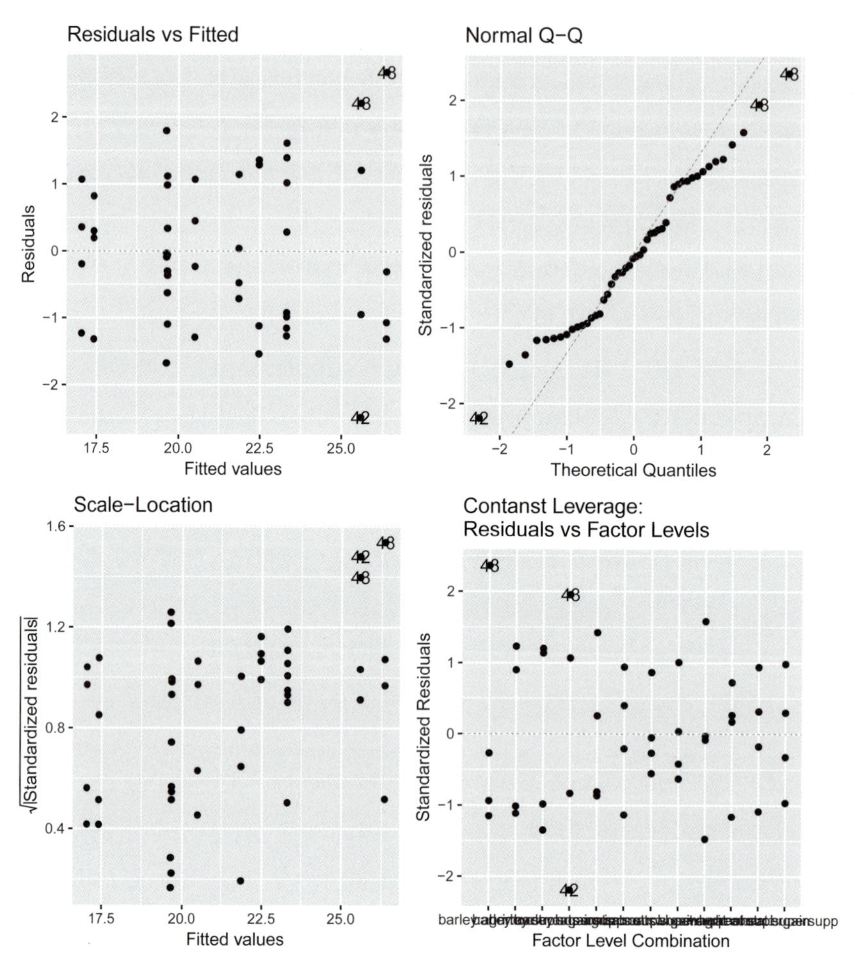

図6.3　ウシの体重増加についての二元配置分散分析モデルの診断プロット（訳注：4つ目のテコ比のプロットは、正直に言えば`plot()`で見た方が見やすいでしょう。）

ただ正規QQプロット（normal Q-Q plot。右上パネル）は、素晴らしいとは言えない感じです。かといってひどい惨状だとも言えません。正および負の残差は、おおよそあるべき範囲の中に収まっています。というのは、残差の分布は裾（プロットの端の方）ではそれなりの幅がありますが、中央に近づくにしたがって分布が「潰されていく」からです。これは、そう多く見られるパターンではありません。実験計画を立てて観測した人が、ちょっと変なやり方をしたのかもしれません。ただ、こうやって正規分布を出発点にして考えはじめると、派手に失敗することはあまりありません。線形モデルだって残差が正規分布するという前提で成り立っていて、そしてかなりロバスト（破綻しにくい）です。というわけで、細かいことは置いておいてこのまま進みましょう。だってこの本は、Rの使い方についての本ですから。

6.2.7 解釈：モデルと、その生物学的な意味

というわけでやっと、面白くなるところまでたどり着きました。線形モデルでは、モデルを解釈するときにRの関数を2つ使いました。anova()とsummary()です。anova()は分散分析表と、二乗誤差和と平均二乗誤差、F値、p値を表示していましたね。そして、分散分析（ANOVA）そのものは**しない**のでした。summary()の出力は、何やらたくさんありましたよね。lm()が返すオブジェクトを引数に与えると、係数の表（傾きと切片）、標準誤差、t値が表示されるのでした。

ではここでも、anova()からいってみましょう。

```
anova(model_cow)

## Analysis of Variance Table
##
## Response: gain
##                  Df  Sum Sq Mean Sq F value    Pr(>F)
## diet              2 287.171 143.586 83.5201 2.999e-14 ***
## supplement        3  91.881  30.627 17.8150 2.952e-07 ***
## diet:supplement   6   3.406   0.568  0.3302  0.9166
## Residuals        36  61.890   1.719
## ---
## Signif. codes:
## 0 '***' 0.001 '**' 0.01 '*' 0.05 '.' 0.1 ' ' 1
```

先ほど触れたように、「*」記号を使った「diet * supplement」の指定が展開されて、エサ（diet）、添加物（supplement）、その交互作用（diet:supplement）の3行になっています。ではこの表の中身を論理的に、生物学的に、統計学的に見てみましょう。

分散分析表

分散分析表は、残差二乗和（sums-of-squares）と、分散分析（analysis-of-variance）の表です。最初の行はエサ（diet）によって説明できる目的変数gainの変動で、Mean Sqの143.586という値がそれを表しています。一方で添加物

(supplement)によって説明できるgainの変動はMean Sq = 30.627です(2行目)。そしてこれらの値に基づき、エサ（diet）の変動によって添加物（supplement）の体重増加（gain）への効果が変わることを考慮すると、それはどのくらいの大きさになるかが3行目に示されています。非常に小さい値ですね（Mean Sq = 0.568)。各行に表示されているF値は、各行のMean Sqを残差ResidualsのMean Sq（最下行）で割った値で、このF値から有意性を判断するp値が計算されます。p値を見ると、各因子はそれぞれ有意ですが、交互作用は有意ではありません。

実験を計画、遂行し、観察結果を解析しているとき、誰もが心の中に仮説を持っています。この例での仮説は「添加物（supplement）の体重増加（gain）に対する効果の強さは、エサ（diet）によって変わるのではないか」でした。それに対する答えは、`diet:supplement`の行に出ています。**添加物の影響の大きさがエサによって変わると考えても、体重増加の有意な変動は説明されない**ということです（F = 0.33、自由度 = 6, 36、p = 0.92)。そんなことは前に作った図を見れば明らかだ、と思うかもしれません。しかしこの数値が、その主張の統計的根拠となるのです。論文などで書くなら、こんな感じになるでしょう。

「ウシの体重増加について、給餌する穀類の種類によって添加物の効果が変動するかどうか統計検定を行ったところ、穀類の種類と添加物の効果の間に交互作用があるとは認められなかった（F= 0.33、自由度 = 6, 36、p = 0.92)。」

このような表の解釈のしかたを身に付けましょう。分散分析表は、各因子による主効果と、交互作用のそれぞれによる目的変数の変動を説明する表なのです。

この例では、変数の順序は問題にならなかったことに気をつけねばなりません。それは、説明変数の値が実験計画によって変わったりしないものだったからです。このデータは釣り合い型の実験計画（balanced experiment）で得られたもので、すべての水準について同じ回数だけ測定されています。しかしそうでない実験の場合（多くのデータがそうなのですが）は、変数の順序が分散分析表で**問題になります**。平均残差二乗和やF値、そしてp値が、変数の順序、つまり検定の順序によって変わり得るからです。この本ではこれについて詳しくは触れませんが、この点を無責任に放り出すのも気が引けるので注意点をまとめると、データが釣り合い型かつ直交でなければ、検定の順序によって分散分析表に問題が生じ得る、ということになります。こういったデータでは、`anova()`の出力をそのまま鵜呑みにしてはいけません。これについてはよい本が他にたくさんあります。この説明が何を言っているかわからないときは、ぜひ勉強してください（巻末付録2を参照。特に、文献6を読むとよいでしょう)。

解析をここで終えることもできます。ウシの体重増加に対する添加物の効果がエサの種類によって変わるかどうかを確かめるために観察したデータを、Rを使って解析し、その答えが得られたのですから、知りたいことを知ることができた、と言っていいでしょう。

要約表

しかし、lm()の内部では各変数間の関係をもっと詳しく計算しているはずだ、それがあってはじめてF値やp値が計算されるはずだ、それを見たい、という人もいるでしょう。そういえば解析結果を見るにはsummary()も使えるのでした。やってみると大量の表示が出てきます。あんまり多くて圧迫感がありますが、どう読み取っていったらよいか考えてみましょう。

```
summary(model_cow)

## Call:
## lm(formula = gain ~ diet * supplement, data = growth.moo)
##
## Residuals:
## Min 1Q Median 3Q Max
## -2.48756 -1.00368 -0.07452 1.03496 2.68069
##
## Coefficients:
##                                 Estimate Std. Error t value
## (Intercept)                   23.2966499  0.6555863  35.536
## dietoats                      -2.8029851  0.9271390  -3.023
## dietwheat                     -5.8911317  0.9271390  -6.354
## supplementagrimore             3.0518277  0.9271390   3.292
## supplementsupergain           -0.8305263  0.9271390  -0.896
## supplementsupersupp            2.2786527  0.9271390   2.458
## dietoats:supplementagrimore   -0.2471088  1.3111726  -0.188
## dietwheat:supplementagrimore  -0.8182729  1.3111726  -0.624
## dietoats:supplementsupergain  -0.0001351  1.3111726   0.000
## dietwheat:supplementsupergain  0.4374395  1.3111726   0.334
## dietoats:supplementsupersupp  -0.9120830  1.3111726  -0.696
## dietwheat:supplementsupersupp -0.0158299  1.3111726  -0.012
##                               Pr(>|t|)
## (Intercept)                    < 2e-16 ***
## dietoats                       0.00459 **
## dietwheat                     2.34e-07 ***
## supplementagrimore             0.00224 **
## supplementsupergain            0.37631
## supplementsupersupp            0.01893 *
## dietoats:supplementagrimore    0.85157
```

```
## dietwheat:supplementagrimore   0.53651
## dietoats:supplementsupergain   0.99992
## dietwheat:supplementsupergain  0.74060
## dietoats:supplementsupersupp   0.49113
## dietwheat:supplementsupersupp  0.99043
## ---
## Signif. codes:
## 0 '***' 0.001 '**' 0.01 '*' 0.05 '.' 0.1 ' ' 1
##
## Residual standard error: 1.311 on 36 degrees of freedom
## Multiple R-squared:  0.8607, Adjusted R-squared:  0.8182
## F-statistic: 20.22 on 11 and 36 DF, p-value: 3.295e-12
```

いやぁ、これは、わけがわからなくて不安になってきますね。本当にこれで正しいのか？という気もしてきますが、よく見ればわかるものです。ここでは、最低限どこを見ればよいかをお教えしましょう。第5章で処理対比（treatment contrast）という言葉が登場したのを思い出してください。また、説明変数はアルファベット順でしたね？するとCoefficientsの最初の3行はなんだかわかるでしょう。

「(Intercept)」がこの表を読む基準点になります。2つの変数から水準値を1つずつ取ってきたときの目的変数のがこれになります。どの水準値だかわかりますか？表示はされていませんが、barley-controlです。dietの水準ではアルファベット順で最初のものがbarleyであり、supplementでは`relevel()`でcontrolを対照群にしたからです。データ値のプロット（図6.2）では、23.29に当たる点が左上にあるのを見つけられると思います。

わかりましたか？素晴らしい。他の行の推定値はすべて、この基準となる点と各行との差でしたね。2行目と3行目は大麦（oats）と小麦（wheat）なので、つまりそれぞれbarley-controlとoats-control、barley-controlとwheat-controlの差を表しています。それぞれの値は、プロットの上でも確認できます。

でも知りたいのってこんなことだったっけ、と思いませんか？因子がいくつもあってサンプル数も多いこんな大規模な実験観察をするときは、確かめたい仮説が最初から、実験する前から心の中にあるのです（みなさんもそうであってほしい、と心から思います）。統計の世界では、こういった**事前仮説**（a priori heypothesis）は**対比**（contrast）という形で記述されます。対比とは単に、2つの水準のそれぞれの平均値の差、または水準の各組み合わせの間において計算される量です。処理対比については先に触れましたが、Rを使えばどんな種類の対比でも（統計的に意味を持つものなら）有意性を計算することができます。

モデルを作る前に、作った実験計画の中に出てくる水準の一部について対比を計算することもできます。
これは、非常に、よい練習！
なのです。対比の計算には便利なパッケージがいくつかあります。**contrast**、**rms**、**multcomp**があれば、様々な対比を自由に計算できる素晴らしい機能がそろいます。**multcomp**にはさらに事後検定（Tukeyなど）の関数がたくさん組み込まれていて、中には使いたくなるものがあるかもしれません（私たちは、事前対比（a priori contrast）が望ましいと思いますが）。ただし、扱いにくかったり難しかったりすることもあるので、「やったことのある人と友達になる」路線も検討してください。

6.2.8 作図：そして結論を図で表す

前に作ったウシの体重増加量の平均値の図は、データが何を示すのかをクリアに表しているので、これをもとに解析の結論を出しちゃおうという誘惑にかられている人もいるかと思いますが、しかしその前に、その体重増加量が平均値の周りにどのくらいバラついているか、その変動をちゃんと見る必要があります。やり方はいくつかありますが、**dplyr**と**ggplot2**の素晴らしさに、ここでもまた世話になることにしましょう。

まず、**dplyr**で`meanGrow`を計算したときのことを思い出してください。同じようにして、標準誤差も同時に計算してしまいましょう。コードはこんな感じになります。

```
# calculate mean and sd of gain for all 12 combinations
sumMoo <- growth.moo %>%
  group_by(diet, supplement) %>%
    summarise(
      meanGrow = mean(gain),
      seGrow = sd(gain)/sqrt(n())
    )
```

平均値での標準誤差は、標準偏差をサンプル数の平方根で割ることで計算できます。**dplyr**の`n()`という関数は、各群の行数を数えてくれます。でも気をつけてください。欠損値があっても`n()`はそれをカウントに入れてしまいます[注1]。

この要約表を使って、図に点と線とエラーバーの3つのレイヤーを重ねます

注1　これを避ける技があります。`sd(gain)/sqrt(sum(!is.na(gain)))`とすれば、欠損値を省いて数えられます。ヘルプやネットで調べてみてください

(図6.4)。エラーバーを加えるにはgeom_errorbar()を使います。縦線の上下に上限と下限を付けてエラーバーを表示する関数です。この上下限はそれぞれ、ymin、ymaxという名前の引数で指定できます。縦線はこの上下限の間に、meanGrowの値を通るように引かれます。12個の体重増加量の値それぞれについて、平均値の推定値と、12個のエラーバーを魔法のように一度で描けるわけです。**ggplot2**はこれを全部1つにまとめ、それぞれのパーツを正確に配置してくれます。エラーバーの上に乗っている帽子はwidthを引数で指定すれば、小さくできます。そう、エラーバーのアレは帽子なんです。カッコつけてますよね。

```
ggplot(sumMoo, aes(x = supplement, y = meanGrow,
                   colour = diet, group = diet)) +
  geom_point() +
  geom_line() +
  geom_errorbar(aes(ymin = meanGrow - seGrow,
                    ymax = meanGrow + seGrow), width = 0.1) +
  theme_bw()
```

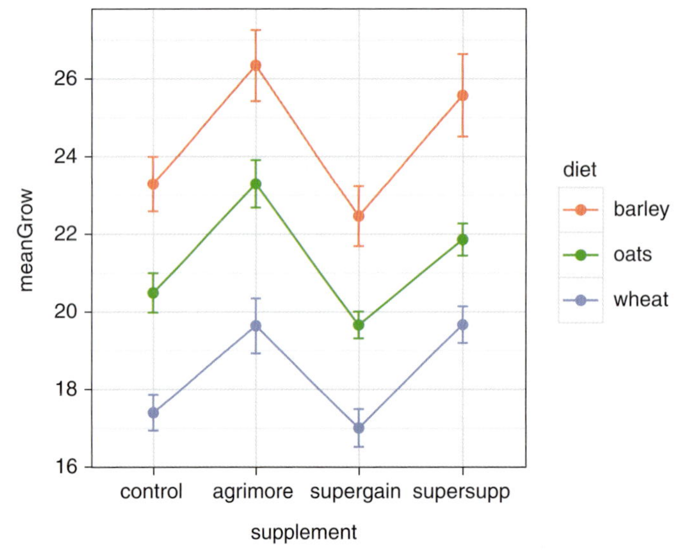

図6.4　だいぶよくなったウシ生育データのプロット。これがこの章の二元配置分散分析のしめくくりです。

6.3　共分散分析（ANCOVA）

ではみなさん、ここで一度、深呼吸をしましょうか。そしてクッキーでも持ってきて、お茶にしましょう。ここからは線形モデルの最後の例に進みます。説明変数に、カテゴリカルなものと連続的な数値のものと、両方がある例です。何をしようとしているのかと言うと、回帰と一元配置分散分析をくっつけるのです。そう、冗談じゃありません。本気ですよ。

この例ではlimpet.csvというデータセットを使います。このデータは『Experimental Design and Data Analysis for Biologists』（Quinn and Keough著、2002、未翻訳）に載っているものです。データファイルは例によってhttp://www.r4all.org/the-book/datasets/に置いてあります。このデータは、カサガイ（笠貝）の産卵量を、4段階の生息密度について春と夏の2回、観測したものです。目的変数（y）は産卵量（EGGS）で、独立変数（x）は生息密度（DENSITY。連続的な数値）と季節（SEASON。カテゴリカル）です。連続的な値をなだらかに取り得る生息密度に対して産卵量を観測しているので、基本的には生息密度に依存する産卵量についての研究になるでしょう[注2]。生息密度は春と夏の2回、人為的に操作します。したがってこの実験では、「産卵数の生息密度への依存性は、春と夏とで違うのか？」を検証することになります。

6.3.1 カサガイ産卵数データ

これまでの例と同様に、まず新しいスクリプトを開きましょう。何をすべきか、自分で繰り返し唱えつつスクリプトに書き込みます。そう、もう覚えていますね。読み込んだデータを入れるオブジェクトの名前は、ここではlimpとします。

```
glimpse(limp)

## Observations: 24
## Variables: 3
## $ DENSITY <int> 8, 8, 8, 8, 8, 8, 15, 15, 15, 15, 15, 1...
## $ SEASON  <fct> spring, spring, spring, summer, summer...
## $ EGGS    <dbl> 2.875, 2.625, 1.750, 2.125, 1.500, 1.87...
```

6.3.2 目視：とにかくいつも最初に図を描く

では、いつもと同じように、はじめましょう。まずは、Rを使って素晴らしい図を描きます。データセットにカラムが3つあるのは、glimpse()でわかったと思います。EGGSとDENSITYの2つは数値、SEASONはカテゴリカルです。目的変数（y）は産卵量EGGSで、DENSITYは数値の独立変数（x）、水準を値として持つ変数がSEASONです。つまり生息密度に対して産卵量をプロットするときに、春と夏に分けたいわけです。ggplot()ならこんなものは一発です。

注2　環境学に関わりのない分野の人は、産卵量が密度に依存するというのは、母個体が増えると密度が上がり、母個体の体格が制限されて小さくなり、したがって食べる量も減り、産卵数が減る、というしくみを想像してください。

コードの書き方は第4章と同じです。scale_colour_manual()をどうやって使うかを確認して、後は、そう、変数の順番です。春（spring）は夏（summer）より先に来ます。当然ですよね！

```
# plot window
ggplot(limp, aes(x = DENSITY, y = EGGS, colour = SEASON)) +
  geom_point() +
  scale_color_manual(values = c(spring="green", summer="red")) +
  theme_bw()
```

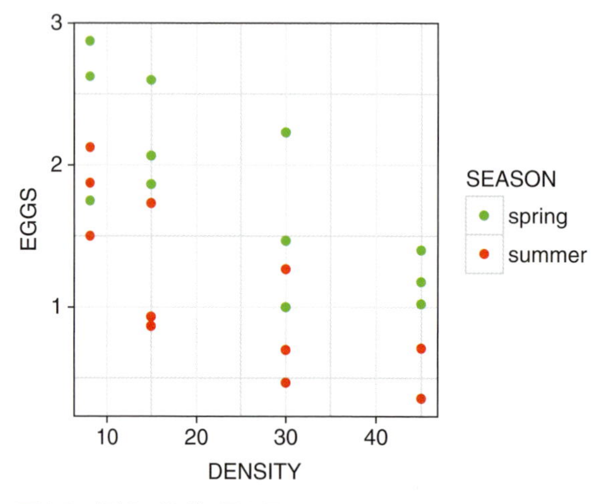

図6.5　解析は必ず、図を見ることからはじめましょう。生息密度ごとのカサガイ産卵量の、春と夏による違いです。

どんなパターンになっているか見てみましょう（図6.5）。生息密度が大きくなると、産卵量はハッキリと減っています。また見た感じ、どの生息密度においても夏よりも春の方が産卵量が多い傾向がありそうです。かなり有益な情報がこの図から得られたことになるでしょう。後は、それを統計的に検定してより正しく示せればよいわけです。そのためには、データに合ったモデルを作ることになります。

まずは、直線の数式を思い出すことからはじめましょう。$y = mx + b$です。プロットしたグラフの上で産卵量と生息密度の関係を直線で表そうとしたら（とりあえず、春か夏かは無視して）、yが産卵量、xが生息密度、bがその直線とy軸が交わるところ（つまり密度が0のときの産卵量です。生物学的にはどう考えてもおかしな話ですが）、mが産卵量と生息密度の関係の傾きです。傾きは、生息密度が単位量だけ変化したときの産卵量の変化量です。するとそれは、産卵量の生息密度に対する依存の強さを表すと言えるでしょう。mとbは直線（というモデルの）パラメータ、あるいは係数と呼ばれます。

誤差を計算する際の自由度について考えるには、まず春、夏のそれぞれで、生息密度の4つのそれぞれの値について、観測値が3つずつあるのを見てください(図6.5を見ると、サンプル点は24個あります)。データでは観測値が春、夏それぞれに分かれているので、それぞれの季節について1本ずつ、あわせて2本の直線を引く必要があります。つまり、y切片が2つ、傾きも2つ計算せねばなりません（モデルを作るときに、結局4つの係数の値が計算されることになります)。

6.3.3 予想：図の意味を考えてみる（線を引く前提で）

どんな直線も傾きと切片が決まれば一意に引けます。もう一度図をよく見て、その直線の切片と傾きの生物学的な意味を考えてみましょう。まず最初に言えることは、全体的に生息密度が増えると産卵量が減るということです。つまり、傾きの値は負です。そして、春と夏の間には違いがありそうだな、という気がします。春と夏とでy切片の値、生息密度が0のときの産卵量が違うということです。

こういうふうに図の上でデータを見てみれば、すぐにそこにあるパターンを見いだすことができます。しかし、パターンは検定の対象であり、その意味を考えねばならないものなので、一度立ち止まって、あり得る様々なパターンや、他の仮説、解釈についても考えることが重要です。これには、データに合う直線の傾きと切片について、2つの面に注目するとよいでしょう。表6.1に、この例の場合に考えるべき可能性、その仮説の意味、Rでの対応するモデルを載せています。

プロットしたデータ（図6.5）を見ながら、表6.1に挙げた仮説について検討していきましょう。AとBはここでは無視してよいでしょう。生息密度の増加につれて、産卵量が全体的に下がっていくことは、データから明らかだと言えるからです。しかし産卵量が多いところでは、その傾向が有意と言えるかどうか、怪しくなっているかもしれません。仮説Cは、おおいにあり得ます。春夏それぞれにおける産卵量の変動が大きいときは、特にそうです。そしてDとEにも注目する必要があります。このデータで、もし傾きがおおよそ一定であれば、仮説Dがもっともよくデータを説明するでしょう。しかし傾きが一定ではなく、春夏それぞれの直線が交わるなら（もしどちらの傾きも負だったとしても）対立仮説である仮説Eも有力になってきます。この例では、散布図をよく見ても傾きや切片が違うのかどうかを見極めるのが難しいので、統計解析を行うことになるわけです。

表6.1　言葉、数学、R、図のそれぞれによる、共分散分析における各仮説の説明。仮説は対応する線形モデルに置き換えることができます。

	仮説の意味	切片と傾き	Rでのモデル	図
仮説A	カサガイの産卵量の変動は生息密度や季節によらない	切片は同じ、傾きは0	lm(EGGS ~ 1, data=limp)	Eggs / Density
仮説B	カサガイの産卵量の変動は生息密度にはよらないが夏には下がる（破線）	切片は違う、勾配は0で線は平行になる	lm(EGGS ~ SEASON, data=limp)	Eggs / Density
仮説C	カサガイの産卵量は生息密度が増えると下がるが、産卵量の最大値（切片）と変動の傾きは季節によらない	切片は同じ、傾きも同じ、つまり2本は同じ直線	lm(EGGS ~ DENSITY, data=limp)	Eggs / Density
仮説D	カサガイの産卵量は生息密度が増えると下がるが、産卵量の最大値（切片）は季節によって変わる、しかし変動の傾きは変わらない	切片は異なる、傾きは同じ（負）で、直線は平行になる	lm(EGGS ~ DENSITY + SEASON, data=limp)	Eggs / Density
仮説E	産卵量の最大値（切片）と変動の傾きは、季節によって変わる	切片は異なる、傾きも異なる、直線は交差する	lm(EGGS ~ DENSITY * SEASON, data=limp)	Eggs / Density

もうちょっとだけ、つっこんで考えてみる

いくつか理由はありますが、このあたりでみなさんには、仮説DとEの違いは、モデルにある項が入ってるか（E）入っていないか（D）であり、それは交互作用項と呼ばれ、傾きの違いを表すものだということをご理解いただきたいと思います。具体的には、「産卵量に対する生息密度の影響は、春夏によって変わる」という交互作用です。

さぁ、図6.5を見ながら大きな声で言ってみましょう。

「産卵量に対する生息密度の影響は、春夏によって変わる」

フランスの哲学者デリダの言う「脱構築」によると（まぁ要するに、この文の意味を開き直って簡単に捉えてみると）、「産卵量に対する生息密度の影響」はつまり、傾きの値を意味します。「春夏によって変わる」は、その傾きの値は春か夏かによって変わり得ることを示します。傾きが春か夏かによって変わるなら、

もちろん切片も変わり得るでしょうから、その値を推定せねばなりません。統計のモデリングと言うのは実のところ、「複数の切片と複数の傾きの値をデータに合うように決められるか？」を考えることなのです。言い換えると、「複数の切片と複数の傾きを考えることで、データをよりうまく説明できるか？」ということです。

さて、この段階でみなさんの手元にはできのよい図（図6.5）があるので、データのパターンがわかれば結果の見当がつけられます。しかし、生息密度への依存性（線の傾き）は同じだと思う人もあれば、交互作用がある、つまり春か夏かによって生息密度の産卵量への影響は変わり得る、と思う人もあるでしょう。

こういった対立仮説について調べる前に、このデータの別の特徴についても考えてみましょう。それは、このデータは、人為的な操作が行われた実験によるものだということです。実験計画を立てるとき、誰もが内心では「こういうことだろう」という仮説（事前仮説）を持っているので、表6.1の仮説A～Eのうち考察対象にするものは限られる、と思うでしょう。この例のデータの場合、実験観測をした人が「産卵量に対する生息密度の影響は、春夏によって変わる」ことを検証したいと思っていた、と解析するみなさんが考えるなら、それはすべての仮説を平等には考えない、ということにつながります。つまり産卵量は生息密度によって変わるという前提のもとに、その効果が春か夏かによって変わかどうかを調べるわけです。これはつまり、仮説Dのモデルより仮説Eのモデルの方がデータによく当てはまるかどうかを調べる、ということです。

6.3.4 計算：共分散分析モデル

上に挙げた仮説にうまく当てはまるような、データに合った一般線形モデル（線形回帰、分散分析、共分散分析）を作るために、ここでも働き者の`lm()`を使います。

```
limp.mod <- lm(EGGS ~ DENSITY * SEASON, data = limp)
```

このコードでは、関数`lm()`が返すオブジェクトを`limp.mod`に代入しています。そして`lm()`の引数では、EGGSとDENSITYとSEASONの間の関係性を表す式を指定しています。前にも出てきたように、式の右辺は簡略化された形になっており、これによって一度に、EGGSに対するDENSITYの主作用、SEASONの主作用、そしてSEASONによって変わるDENSITYの作用（交互作用）を指定したことになります。これを展開して書くとDENSITY +

SEASON + DENSITY:SEASONです。

表6.1の例にあるような、このうちの一部だけを含む式を指定することもできます。でも、ここでは生息密度が春か夏かによって変わるかどうかを知りたいと決めているので、生息密度と春／夏のそれぞれによる効果に加え、春／夏によって**変わり得る**生息密度の効果を表す、交互作用の項を持つモデルが必要になるのです。

ここで**変わり得る**と言ったのには理由があります。この統計解析では基本的には「交互作用は有意ではない」という帰無仮説（対立仮説は表6.1のE）が検定の対象です。この帰無仮説はつまり、春と夏とで傾きは変わらない、さらに言えば、傾きの違う直線を使った方が当てはまりがよくなるような変動はない、ということです。したがって対立仮説は、傾きの違う直線を使った方がデータの変動がよりよく説明できるということです。これが大事なところで、言い換えると、切片は違うが傾きが同じ直線をデータに当てはめた場合（仮説D）と比べて、傾きが互いに違ってもよいことにすると、データにより当てはまるようになるか？ということになります。

上のコードを入力すると、Rの中で重要な作業がいろいろ実行されて、黙々と大事なものが集められ整理されて、入力時に指定したlimp.modの中に入れられます。

この本の、ここまでの長い長い道のりで見てきたいろいろなRの素晴らしい関数と同様に、lm()が返すものをオブジェクト（limp.mod）に入れることで、lm()がみなさんのために揃えてくれたものを確認できます。では、ここまでにも何回か出てきた関数を使って、その中身を見てみましょう。

```
names(limp.mod)

##  [1] "coefficients" "residuals"     "effects"
##  [4] "rank"         "fitted.values" "assign"
##  [7] "qr"           "df.residual"   "contrasts"
## [10] "xlevels"      "call"          "terms"
## [13] "model"
```

Rはモデルの係数（切片と傾き）、モデルとデータの残差、モデルの値、他にもいろいろな値を集めてくれています。lm()のヘルプの、特にValueのところを精読し、lm()が何を返すのかをよく理解してください。

6.3.5　確認：カサガイについて言いたいことがあるなら、まず前提条件を調べてから

次に何をするかはもうわかっていますね？そう。それです。

```
autoplot(limp.mod, smooth.colour = NA)
```

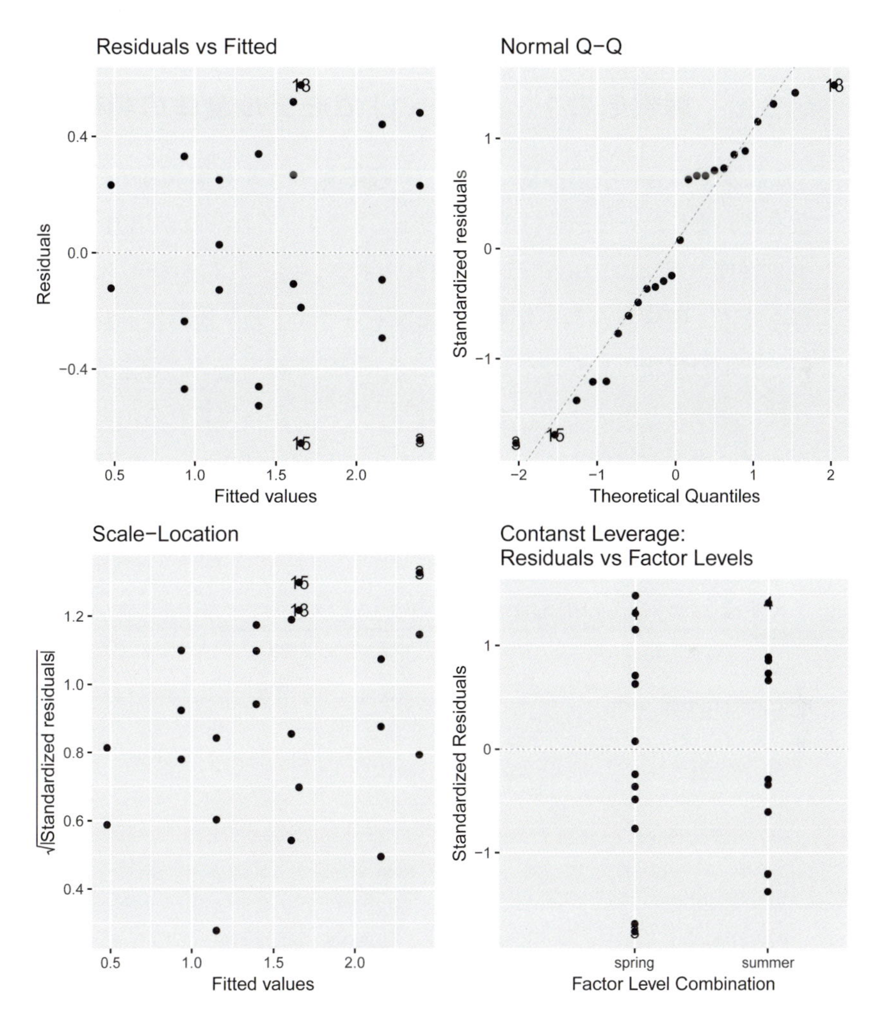

図6.6　カサガイデータに当てはめた線形モデルの診断図（訳注：これも`plot()`の方が見やすいかも……）。

診断プロット（図6.6）はかなりいい感じです。先ほどの例では必ずしもよいことだけではなかったし、次の章の例ではもっと悪いものも出てきますが、この図はいい感じです。

この診断プロットは素晴らしく、まったく文句の付けようもないほど完璧だ、という点についてはみなさんも異論はないと思います。モデルの解釈をはじめる

前に、ここまで何をどう見てきたのか、ちょっとおさらいしてみましょう。この解析のまず最初に、データの様子をうまく表した示唆に富んだ有用な図を作りましたね。カサガイの生息密度と春／夏の違いが産卵量にどう影響しているか、その考え方を整理するのに非常に役に立ちました。次に、検定したい仮説、もっと言えば実験計画に基づいたモデルを作りました。線形モデルに関する前提条件の大事な部分については、もうこの診断プロットで検証したと言ってよいでしょう。ということで、モデルを解釈する準備は、もうできています。

6.3.6　解釈その1：anova()でモデル全体の特徴を見る

これまでにもいろいろ見た通り、一般線形モデルを解釈するときには2つの関数を使いました。anova()とsummary()です。それぞれが出力する表を見れば、生息密度と春／夏の違いがそれぞれ、あるいはそれらが合わさって産卵量に影響を及ぼす関係性がわかります。簡単そうですよね？他の統計解析パッケージでのモデルの解釈のしかたを知っていて、対比や統計量のことを詳しく理解していれば、簡単だと思います。でも統計パッケージから得られる出力について深く掘り下げて考えた経験がなかったら、ちょっとがんばらないといけないかもしれません。この例では、anova()とsummary()の出力は、全体的に、かつ直接的に深く関連しています。

まずはanova()の出力から見てみましょう。

```
anova(limp.mod)

## Analysis of Variance Table
##
## Response: EGGS
##                Df Sum Sq Mean Sq F value    Pr(>F)
## DENSITY         1 5.0241  5.0241 30.1971 2.226e-05 ***
## SEASON          1 3.2502  3.2502 19.5350 0.0002637 ***
## DENSITY:SEASON  1 0.0118  0.0118  0.0711 0.7925333
## Residuals      20 3.3275  0.1664
## ---
## Signif. codes:
## 0 '***' 0.001 '**' 0.01 '*' 0.05 '.' 0.1 ' ' 1
```

前に見たときと同じで、残差二乗和（sum-of-square）と分散分析（analysis-of-variance）が並んだ表が出力されます。これは、次のように読むことができます。まず傾きの値のうちの共通量（DENSITY）が自由度1で推定されていて、これによって変動に含まれるある程度の量が残差二乗和5.0241で説明されます。この計算に基づいて、モデル（SEASON）の2つの切片を推定し、そしてそれによって、さらに変動が説明されます（3.2502）。最後に、傾きを可変にしてその値を推定し（DENSITY:SEASON）、これによって説明される変動についての残差二乗和は0.0118です。表の上から順に、こうやって意味を考えていくとよいでしょう。

実験を計画立案して観測を行うとき、心の中にはすでに仮説「産卵量に対する生息密度の影響は春か夏かで変わる」があるという話は何度もしました。この仮説に対する答えは、DENSITY:SEASONの行にあります。

この表を見る限り、春と夏とで直線の傾きを変えてもよいようにしたとしても、それによって説明されるような変動は産卵量にはありません（DENSITY:SEASONの行のp値が0.79であり、かなり大きいから）。傾きには差はない、という帰無仮説を棄却することはできません。対立仮説を真とするような証拠はなかったのです。この結果を文章で記述するなら、以下のようになるでしょう。

> 「我々はカサガイの産卵量に対する生息密度の影響が、産卵する季節によって変わるかどうかについて検証した。その結果、生息密度と季節の間の交互作用があるという根拠は見つからず（$F = 0.0711$、自由度 = 1, 20、$p = 0.79$）、生息密度と季節の影響は加法的に過ぎないことが示された。」

このような結論が得られたなら、解析をここでやめても構いません。仮説を検証するために実験を計画し、観測されたデータを解析した結果、ここでもRが答えを出しました。でも、もっと情報を抽出することができます。春と夏のそれぞれで、生息密度が低いときの産卵量の推定式はどうなるか、興味のある人もいるでしょう（切片に近いところでは、産卵量が生息密度に依存しなくなる）。または生息密度への依存性の強さ、つまり傾きの値にも興味があるでしょう。これは春と夏とで同じ値のように見えます。

6.3.7 解釈その2：summary()でモデルの詳細を見る

anova()に加えて、summary()でも要約の値が見られます。

```
summary(limp.mod)

##
## Call:
## lm(formula = EGGS ~ DENSITY * SEASON, data = limp)
##
## Residuals:
##       Min        1Q    Median        3Q       Max
```

```
## -0.65468 -0.25021 -0.03318  0.28335  0.57532
##
## Coefficients:
##                        Estimate Std. Error t value Pr(>|t|)
## (Intercept)            2.664166   0.234118  11.380 3.45e-10
## DENSITY               -0.033650   0.008259  -4.074 0.000591
## SEASONsummer          -0.812282   0.331092  -2.453 0.023450
## DENSITY:SEASONsummer   0.003114   0.011680   0.267 0.792533
##
## (Intercept)           ***
## DENSITY               ***
## SEASONsummer          *
## DENSITY:SEASONsummer
## ---
## Signif. codes:
## 0 '***' 0.001 '**' 0.01 '*' 0.05 '.' 0.1 ' ' 1
##
## Residual standard error: 0.4079 on 20 degrees of freedom
## Multiple R-squared: 0.7135, Adjusted R-squared:  0.6705
## F-statistic:  16.6 on 3 and 20 DF,  p-value: 1.186e-05
```

このsummary()の出力は、二元配置分散分析のときと比べるといくらかわかりやすいですよね。出力は4つの部分からできています。最初のCallの部分では、みなさんがlm()でモデルをどのように定義したかが表示されています。その次のResidualsには残差の分布範囲、四分位数、中央値が示されていて、残差がどういう分布をしているのかが、だいたいわかります。でもこれだけを見て判断材料にしてはいけません。前に述べたようなプロットとあわせて見るようにしてください。

次の部分Coefficientsには、係数が並んでいます。世の中の統計パッケージが共分散分析や一元配置や二元配置のモデルから出力する、やたらたくさんの値や表の中で、ここが一番面白いところだと言ってよいでしょう。データに当てはめた直線の係数に関する情報であり、モデルを生物学的に解釈したときの様々な重要な関係性を、定量的に表すものだからです。他の統計パッケージでも同じような数値を見ることになるでしょう。ここではRのこの出力をどう解釈するかを説明します。

まず、Rは英数字を相手に作業を行っていることを忘れないようにしてください。したがって、この例では、spring（春）がsummer（夏）よりも先に並びます。そう、春は夏より先に来るのです。何度もくどくてすみませんが、どうしても言いたくなっちゃって。

ここでは、出力の一番下の方から見てみましょう。そこには一般的な統計量と、

R^2というモデルで説明される分散の推定値があります。みなさんが当てはめたモデルでは、産卵量の分散の67%が説明され、モデルの当てはめが有意であり（F = 16.6、自由度 = 3, 20、$p < 0.001$)、残差の標準誤差は自由度20に対して0.4079です。自由度が20であることを予測できていましたか？ここではデータ点の数は24、推定された係数の個数は4なので、誤差の自由度は24 − 4 = 20になります。

面白いのはここからです。くどいかもしれませんが、まず、Rでは何でもアルファベット順です。spring（春）はsummer（夏）より先に来るのです。そして、係数の表の3行目と4行目には、行の名前に「summer」が付いています。これはいったい、何の情報をみなさんに与えてくれるのでしょうか。

最初の2行をじーっと見つめてみると、一番左の列の「Coeffiicients」という単語のすぐ下には、切片(Intercept)と生息密度(DENSITY)と書いてあります。データに当てはめられた直線は、EGGS = 切片（b）+ 傾き（m）× DENSITYです。わかりやすくて、安心ですね。Rはここで、切片と傾きの推定値を教えてくれています。そして、これが春のデータについてのものなのはわかっています。だって、spring（春）はsummer（夏）より先に来るのです。

というわけで、春における産卵量を表すモデル（当てはめられた直線）は以下のようになります。

$$\mathrm{EGGS}_{\mathrm{spring}} = 2.66 - 0.033 \times \mathrm{DENSITY}$$

引き続き3行目と4行目を見れば、もう言いたいことはわかるでしょう。前にあった、処理対比が差を表すという話を思い出してください。特にSEASONsummerと表示されている3行目では、春と夏での切片の値の差が表れています。生物学的に言えば、産卵時期が春から夏になったときの、産卵量の変化量です。その値は、卵 − 0.812個分です。

これが春と夏との切片の値の差であれば、春の産卵量のモデルの切片の推定値に、その差の値を加えれば、夏のモデルの切片の推定値になるはずです。

同様に4行目は、「summer」と「DENSITY」という言葉の通りに考えれば、春と夏での傾きの差になります。生物学的には春から夏になったときの生息密度の変化割合が、どのくらい変わるかですが、その値は0.003です。この値が傾きの違いであれば、春の産卵量のモデルでの直線の傾きにこの値を加えると、夏のモデルの傾きになるはずです。

以上のことを数式で書くと、以下のようになります。

$$\mathrm{EGGS}_{\mathrm{spring}} = 2.66 - 0.033 \times \mathrm{DENSITY}$$

$$\mathrm{EGGS}_{\mathrm{summer}} = (2.66 - 0.812) + (-0.033 + 0.003) \times \mathrm{DENSITY}$$

$$\mathrm{EGGS}_{\mathrm{summer}} = 1.84 - 0.03 \times \mathrm{DENSITY}$$

`summary()`が出力した表の、t値とp値にも注目してみましょう。第5章で見たように、t検定は2つの値の差が0と言ってよいかどうかを調べることで、2つの値が同じかどうかを判断するものでした。ここでは、春と夏の切片が異なる値であると言えるかどうかを処理対比で考えることになります。t値とp値を見ると、切片と傾きが季節によって違うのかどうかを判断することができます。t値は小さいけどp値が大きいときは、帰無仮説が棄却できず、2つの値が異なるとは言えない、ということになります。値を見る限り帰無仮説は、切片については棄却できますが、傾きについては棄却できません。

というわけでこの`summary()`の表から言えることは、以下のようになります。夏には、春に比べて産卵量が減る、減る量は0.812である、生息密度の上昇による産卵量の減少の割合は、春に比べて夏の方がわずかに少ない（+0.003 eggs/density）が、これが有意な差であるとは言えない。そして結局、生息密度の産卵量に対する影響は、春と夏とで違うと言えるだけの証拠はない、ということになります。よかった、`summary()`の表とANOVAの結論は一致しましたね。当然そうなるはずではありますが。

実験するときから心の中に持っていた「産卵量に対する生息密度の影響は、春と夏とで違う」という仮説を帰無仮説（春と夏とで違いはない）に対して検定して、ここでは、帰無仮説は棄却できない、という結論を得ました。このデータの中には、生息密度の産卵量に対する影響が春と夏とで違う、と言えるだけの証拠はないわけです。カサガイについてこんなに詳しくなるなんて、考えたこともなかったでしょう？

6.3.8　作図その1：モデルの線を引くための計算をする

さて、線形モデルでの解析の最後の項目として、データとモデル（共分散分析で推定した直線）を合わせた図を作るための、鉄板で確実な方法を紹介します。もっともよい図が作れるのは、Rが計算してくれた、モデル直線の係数などの要約表（summary table）の内容に基づいて図を描く方法です。簡単な線形回帰の例（第5章）で図を作った方法は応用がきくとは言えませんでしたが、ここではもっと汎用的で、どんな複雑なモデルでも（直線がもっと多くても、さらには非線形であっても）使える方法でやります。

ここまでの作業で、Rで作ったモデルをオブジェクトに代入しましたが、そこには直線の係数も入っています。この値は、`coef(limp.mod)`で見られます。データ点のプロットにモデルの直線を加えるには、プロットの横軸の範囲内で、モデル直線の係数の値を使って縦軸の値を計算する必要があります。ここでは、次のような計算になります。

$$EGGS_{spring} = 2.66 - 0.033 \times DENSITY$$

ここで、DENSITYにはプロット範囲に合わせた適切な値を用意せねばなりません。みなさんの中には、Excelで似たようなことをした経験がある人もいるかもしれませんね。ここでもし単に直線を引きたいだけなら、必要なのは2点だけであることは確かです。ただこの現代社会においては往々にして、描画がきれいで目を引くことが重要だったり、モデルの値を含む半透明な帯を描いて95%信頼区間を表したかったりします（目立ちそうでしょ？）が、そういうことをしたいなら2点では足りません。モデルは直線ですがそれに対する標準誤差の幅は非線形ですから。では、描き方を見てみましょう。expand.grid()とpredict()の2つの関数からはじめます。

expand.grid()は、座標平面上での格子点における値を生成する関数です。この関数に与えた複数の変数について、その値のすべての組み合わせが生成され、データフレームとして返されます。たとえばこんな感じです。

```
expand.grid(FIRST = c("A", "B"), SECOND = c(1, 2))

##   FIRST SECOND
## 1     A      1
## 2     B      1
## 3     A      2
## 4     B      2
```

1列目、2列目ともに引数に渡された各変数の値で、行列全体で、いわゆる完全実施の要因計画として、変数の値のすべての組み合わせが生成されています。

predict()は、モデルからその値を計算する関数です。引数にはモデルだけを指定することもできますが、おおいに役立てようとするならば、だいたいは3つの引数を渡すことになります。モデルと、y（目的変数）の値を計算する点であるx（説明変数）の値と、何の区間を計算するのか（95%信頼区間など）の指定です。

引数にモデルだけを渡したときは、モデルを作ったときに使ったデータフレームに含まれるxの値においてモデルyの値を計算して返してくれます。limp.modの場合は、季節（2）×生息密度（4）×リピート実験（3）なので、各点におけるモデルの値が24個、返されます。リピート実験に対するモデルの値は、すべて同じになります。

```
predict(limp.mod)

##         1         2         3         4         5         6
## 2.3949692 2.3949692 2.3949692 1.6075953 1.6075953 1.6075953
##         7         8         9        10        11        12
## 2.1594217 2.1594217 2.1594217 1.3938428 1.3938428 1.3938428
##        13        14        15        16        17        18
## 1.6546769 1.6546769 1.6546769 0.9358016 0.9358016 0.9358016
##        19        20        21        22        23        24
## 1.1499321 1.1499321 1.1499321 0.4777604 0.4777604 0.4777604
```

ここで、データに存在しない複数の生息密度について、どのような産卵量が予測できるのか、知りたくなったとしましょう。そのためにはまず、産卵量yを知りたいと思っている、新しいxの値セットを作成する必要があります。ここでは値の生成に`expand.grid()`を使いますが、**このとき**、生成したxを含むデータフレームの列の名前は、元の変数名とまったく正確に同じ、DENSITYにしなければならないことに注意してください。

元のデータフレーム中ではDENSITYの値は8から45だったので、ここでは`seq()`を使って、その範囲内で新しく値を作ることにしましょう。

```
# make some new DENSITY values at which we request predictions
new.x <- expand.grid(DENSITY =
                     seq(from = 8, to = 45, length.out = 10))
# check it worked
head(new.x)

##    DENSITY
## 1  8.00000
## 2 12.11111
## 3 16.22222
## 4 20.33333
## 5 24.44444
## 6 28.55556
```

次は、これにSEASONの値を付け加えましょう。SEASONはspringとsummerの2つの水準だけを持つカテゴリカル変数でした。以下のようにすると、これをnew.xに追加できます。ここでは、元のデータフレームに対して`levels()`を使うことで、どんな水準があるかをRに調べさせています。

```
# make some new DENSITY values at which we request predictions
new.x <- expand.grid(
  DENSITY = seq(from = 8, to = 45, length.out = 10),
  SEASON = levels(limp$SEASON))

# check it worked
head(new.x)

##    DENSITY SEASON
## 1  8.00000 spring
## 2 12.11111 spring
## 3 16.22222 spring
## 4 20.33333 spring
## 5 24.44444 spring
## 6 28.55556 spring
```

これによってexpand.grid()によってDENSITY（length.outで10水準に増やしました）とSEASON（2水準）の完全実施要因計画の表がデータフレームとして作られています。したがって、DENSITY:SEASONのすべての組み合わせがあります。new.xとだけ入力すれば中身が見られます。そしてこのデータフレームは、そのままpredict()に引数として渡せます。引数の名前は何でしたっけね……そう、意味もそのままのnewdataです。

ではpredict()に引数を3つ、渡してみましょう。モデルと、newdataのデータフレームと、信頼区間を計算する指定です。データ解析もここまで来たら楽なもんですよね。こういう作業はみんな大好きです。predict()が返す新しいyの値は、new.yに入れることにしましょう。

```
# generate fits and confidence interval at new.x values.
new.y <- predict(limp.mod, newdata=new.x,
                 interval = 'confidence')
# check it!
head(new.y)

##        fit      lwr      upr
## 1 2.394969 2.019285 2.770654
## 2 2.256632 1.931230 2.582034
## 3 2.118294 1.834274 2.402315
## 4 1.979957 1.724062 2.235852
## 5 1.841619 1.595998 2.087241
## 6 1.703282 1.447918 1.958646
```

うーん素晴らしい。まず、説明変数の値としてnew.xを作りました。そして、それに対応する値new.yを、データに当てはめたモデルに含まれる直線の係数から計算しました。そして計算されたそれぞれの値について、95%信頼区間が得られました。それぞれの列には、fit、lwr、uprというわかりやすい名前がついています。いやぁ素晴らしい。

すると次はハウスキーピング、整理整頓です。Rを使う上で、また解析を行って図を描くという研究のサイクルの中で、整理整頓の重要性を私たちは提唱したいと考えます。それはつまり、new.xとnew.yをくっつけるということです。これによって、これまでに作ったものが何なのかがクリアに見えるようになります。これにはdata.frame()を使います。ここではaddTheseというデータフレームを作ることにしましょう（新しく作ったものを、プロットにaddしたいわけなので）。

ここで、決して忘れてはならない、**非常に重要な作業**があります。それはpredict()が作ったデータフレーム中のfitという変数名をEGGSに変えることです。**dplyr**のrename()が賢くスマートに仕事をしてくれます。

```
# housekeeping to bring new.x and new.y together note that we
# rename fit to be EGGS matching the original data
addThese <- data.frame(new.x, new.y)
addThese <- rename(addThese, EGGS = fit)
# check it!
head(addThese)

##    DENSITY SEASON     EGGS      lwr      upr
## 1  8.00000 spring 2.394969 2.019285 2.770654
## 2 12.11111 spring 2.256632 1.931230 2.582034
## 3 16.22222 spring 2.118294 1.834274 2.402315
## 4 20.33333 spring 1.979957 1.724062 2.235852
## 5 24.44444 spring 1.841619 1.595998 2.087241
## 6 28.55556 spring 1.703282 1.447918 1.958646
```

これで、SEASONとDENSITYのすべての組み合わせと、各組み合わせにおけるモデルの値と95%信頼区間の値を持つコンパクトなデータフレームができました。モデル直線の係数や数式は不要です。predict()がみなさんの代わりに、直線の式を使って計算してくれています。またモデルの各値において「1.96 × 標準誤差」で信頼区間を計算する必要もありません。predict()がみなさんの代わりにやってくれています。predict()はみなさんの最高の友人です。

このデータフレームで図を描く前に、ここで試してきた方法がいかに幅広く応用できるのか、少しだけ見てみましょう。ちょっとコードを書き換えれば、たと

えば各季節での平均生息密度における産卵量がわかります。

```
# new.x with DENSITY set to mean
new.x <-expand.grid(DENSITY = mean(limp$DENSITY),
                    SEASON = levels(limp$SEASON))
# predictions
predEgg <- predict(limp.mod, newdata = new.x)

# housekeeping
EggAtMeanDens <-data.frame(new.x, predEgg)
head(EggAtMeanDens)

##   DENSITY SEASON predEgg
## 1    24.5 spring 1.83975
## 2    24.5 summer 1.10375
```

6.3.9 作図その2：最後にggplot()でデータとモデルを合わせて図にする

やっとここまで来ました。これまでみなさんは、1つの実験データに対して、共分散分析を行うために相当な量の作業をこなしてきました。まずデータをプロットして、モデルを作り、前提条件が成立しているかどうか確認し、そしてモデルの生物学的な意味を解釈しました。さらにモデルを使った予測も行いました。これによってモデルがどの程度うまくデータに当てはまっているかが示されます。いよいよ最後、つまり最初からみなさんが目指していた、データをプロットした図にモデルの直線を加え、図6.7のようなプロットを描く作業に取りかかります。十分な情報を持った図は「百聞は一見にしかず」を体現します。見た人が「何を知ろうとした実験か」、**さらに**「その結果はどうだったか」を理解できる図を示すことができれば、効率よく科学的な議論を交わすのと同じくらい意味があります。

では最後の作業です。次のように図を作成してみましょう。

```
# raw data plot (you don't need to write this again...)

ggplot(limp, aes(x = DENSITY, y = EGGS, colour = SEASON)) +

  # first add the points
  geom_point(size = 5) +

  # now add the fits and CIs
  # note we don't need to specify DENSITY AND EGG
  # they are inherited from above!
```

```
geom_smooth(data = addThese,
            aes(ymin = lwr, ymax = upr,
                fill = SEASON), stat = 'identity') +

#now adjust the colours
scale_colour_manual(values = c(spring="green", summer="red")) +
scale_fill_manual(values = c(spring="green", summer="red")) +

# theme it
theme_bw()
```

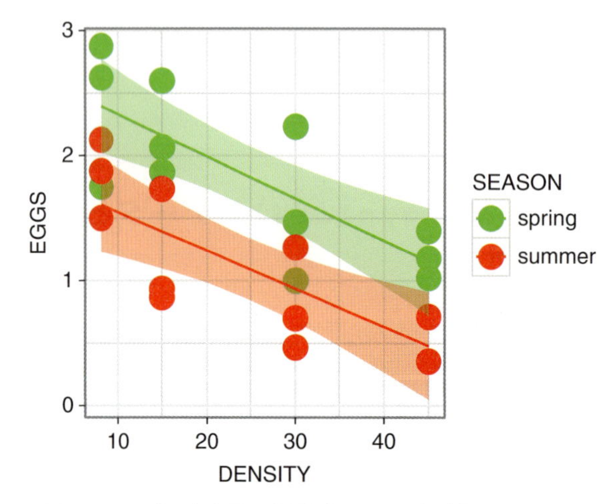

図6.7　カサガイ産卵量の観測データに、各季節において当てはめた直線を描き加えた図。この直線を描くために、predict()関数を使ってモデルから予測値を計算しています。この作業では観測範囲外のモデルの予測値は計算されませんが、これはむしろよいことです。線形モデルならどれでも、この図と同じ手順で作図できます。

このggplotのコードは……

このコードではかなりいろんなことが行われていますが、それらについて説明します。全体的には、もともとの観測データのプロットがあり、それに対してgeom_smooth()で直線と信頼区間を描き加えた形をしています。コード中にはコメントとして

> # note we don't need to specify DENSITY AND EGG(DENSITYとEGGSの値を指定する必要はない)
>
> # they are inherited from above!（その値は上の行から流れてくる！）

と書いています。geom_smooth()がその内部でやる作業は、それはもうスムーズで滑らかです。addTheseを作ったとき、その列の名前を元のデータと正確に同じになるようにしましたね。そのおかげで、geom_smooth()の引数のaes()

関数に信頼区間の幅を指定するとき、何も言わなければ自動的に、「x =」も「y =」も最初のggplot()の引数のaes()で指定したものと同じである、と見なされます。いやぁ便利です。楽ですね。なのでgeom_smooth()ではyminとymaxだけ指定すればよいのです。

おっとstat = 'identity'の説明を忘れるところでした。これはχ^2検定のところでも出てきましたね。これによって、geom_smooth()は与えられたものだけを使い、無駄で余計な飾りを計算して付け加えたりしなくなります。それだけです。

みなさんへの贈り物として、ここでやった共分散分析の便利なスクリプトをBox 6.1に置いておきます。みなさんが自分のデータで共分散分析をやろうとするときに、これはきっと役に立つはずです。この短いスクリプトがみなさんにとっても、ちゃんと結果の出る、十分な説明が付いた、どんな計算機環境でも使える作業記録になるでしょう。

6.4 この章の概要：解析のはじめから終わりまでの流れ

ここまでの説明によって、Rを使ってどうやって自分のデータを解析するか、その作業の流れを理解することができたと思います。この作業ステップは、χ^2検定でも、t検定でも、線形回帰でも、一元配置および二元配置の分散分析でも、そして共分散分析でも同じです。Rのコードの使い方、その出力の理解のしかたについて、関数や命令の使い方や見方もわかったと思います。次に、それを振り返ってまとめてみましょう。

1. まずデータを表計算ソフトウェアに入力し、ミスなどがないか確認し、それをCSV形式で保存する。
2. Rを起動し、スッキリお掃除命令rm(list=ls())でRの頭の中を空っぽにし、ライブラリを読み込む。
3. データをRに読み込み、たとえばglimpse()などでどんなデータかを見る。
4. そのデータから知りたいことを見て取れるような、どんなモデルを使ったらよいかがわかりそうな図をプロットする。
5. 検定対象の仮説に対して、統計モデルを適用する。
6. 使うことに決めた統計モデルにおいて、重要と思われる前提条件が成立しているかどうか、確認する（autoplot()で見る）。

7. anova()とsummary()でモデルの内容を見て、生物学的に解釈する。
8. データに当てはめた直線と、描いた方が適切な場合は信頼区間を、データ点と合わせてプロットする。千の言葉に値する情報を見る者に与えるプロットを作る。
9. データファイルとスクリプトを、安全かつ確実に保存する（同時に、離れたところにバックアップを取る）。これによって、いつでもまた、ほんの数分、ほんのわずかなパソコン操作で、プロットをふたたび作り、解析作業を再現することができる。

データ解析において、この考え方、つまり「**プロット**」→「**モデリング**」→「**前提条件の確認**」→「**モデル解釈**」→「**完成図の作成**」という作業手順が身に付いたなら、みなさんには、Rを使う上で、盤石で効率的な基礎が備わったことになります。この章では、解析でわかったことを誰かに伝えるには素晴らしい図がもっとも有用であること、また予測と同じくらい前提条件の成立が重要であることも、しっかりと学んだことでしょう。

Box 6.1 共分散分析解析の最終的なスクリプト

```
# カサガイ産卵量について共分散分析解析

# ライブラリの読み込み
library(dplyr)
library(ggplot2)
library(ggfortify)

# 頭の中をスッキリお掃除
rm(list=ls())

# カサガイデータの読み込みと、内容の確認
limp <- read.csv("limpet.csv")
glimpse(limp) # データを調べるための最初のプロット
ggplot(limp, aes(x = DENSITY, y = EGGS, colour = SEASON)) +
  geom_point() +
  scale_colour_manual(values = c(spring = "green", summer = "red")) +
  theme_bw()

# lm()を使って共分散分析モデルを作る
limp.mod <- lm(EGGS ~ DENSITY * SEASON, data = limp)

# できたモデルの診断プロットを確認する
autoplot(limp.mod)
```

```
# anova()とsummary()でモデルの内容を見て、解釈する
anova(limp.mod) # 分散分析表の表示
summary(limp.mod) # 係数の表

# 図を作り直し、直線もプロットする
# まずxの値を生成する --- ここで生成した値における産卵量をモデルから予測する
new.x <- expand.grid(
  DENSITY = seq(from = 8, to = 45, length.out = 10),
  SEASON = levels(limp$SEASON))
# predict()とdata.frame()で新しいyの値を計算する
# 以下で、計算した値を集めて整理して、addTheseに入れる
new.y <- predict(limp.mod, newdata = new.x, interval = 'confidence')
# まずnew.xとnew.yをくっつけて、整理整頓する
addThese <- data.frame(new.x, new.y)
addThese <- rename(addThese, EGGS = fit)
# そしてデータに直線と信頼区間を加えて、図を作る
ggplot(limp, aes(x = DENSITY, y = EGGS, colour = SEASON)) +
  geom_point(size = 5) +
  geom_smooth(data = addThese,
              aes(ymin = lwr, ymax = upr, fill = SEASON),
              stat = 'identity') +
  scale_colour_manual(values = c(spring = "green", summer = "red")) +
  scale_fill_manual(values = c(spring = "green", summer = "red")) +
  theme_bw()
```

第7章

一般化線形モデル（GLM）を使ってみる

7.1 はじめに

第5章、6章では、みんな大好き線形モデル、その中でも線形回帰、分散分析、共分散分析という種類のモデルを使った解析を取り上げました。そこでは目的変数の値は正でも負でも、小数でもよいが、連続値を取る変数であるという前提がありました。また、現実的には変数の取り得る値には制限がありますが（たとえば身長の値は負にならないなど）、モデルとしては変数の値やその範囲に制限はありませんでした。さらに、モデルとデータ値の間の残差は正規分布すること、そして、残差の分散がモデルの値に応じて変わったりしないという特別な条件が前提でした（4つの診断プロットを思い出してください）。

解析をする際にはいつも、これらの条件が激しく乱れていないかを確認せねばなりません。なので線形モデルは注意深く使う必要があります。しかし現実には、残差が正規分布しないような目的変数があったりもします。データ値の取り得る範囲が限られていて、さらにその分布に何かしら他の特徴もあったりして、線形モデルの前提条件が破綻しているようなことを、生命科学分野のデータで私たちは何度も見てきました。たとえば出生数のような、負にも小数にもならず範囲の限られた整数値のデータ、何かの有無のような0か1の二値しか取り得ないデータなどです。それらが目的変数の場合は、線形モデルの前提条件が成立し得ないことになります。

人類の歴史において、こういった場合によく行われてきたのが、**変数変換**です。計数データでは`log10()`（底が10の対数）、割合や比率では`arcsin(sqrt())`などが使われてきました。しかし、今やパソコンの性能は格段によくなり、統計解析の技術も進歩しました。それにより、**一般化**線形モデル（Generalized linear model。以下GLM）という強力、かつ手っ取り早い解析法が使えるようになったのです。ただ、変数変換の問題はGLMで全部解決、というわけではありません。それについては学術雑誌『Methods in Ecology and Evolution』のブログ注1かFacebook注2で、“do not log transform count data”で検索してみるといいでしょう。

7.1.1　GLMと、計数と比率

いきなりGLMに飛び込んでしまう前に、どんな生物学のデータでGLMが必要になるのかを見てみましょう。計数データにはいろんなものがあります。生物学分野において解明したい内容に関わる様々なモノやコト、たとえば単位時間当たりや単位面積当たりの生物集団の個体数や、区画内の生物種の数、個体内の寄生虫などが数えられたりします。こういった内容（変数）が他の変数からどんな影響を受けているかを調べたいわけです。たとえば親個体の体重や年齢が、一生の間に産む子の数にどう影響しているのかといったことです。こういう場合は目的変数が計数データ（count）で、事象（出産など）の生じる割合（rate）が他の変数（身長など）にどう依存しているのかを知ることが解析のゴールです。計数データは下限があり(0ですね)、上限はありません。残差は正規分布ではなく、残差の分散は一定とは言えません。

また割合を観測したデータもたくさんあります。事象が起こるか起こらないか(動物が死ぬとか、花が咲くとか、ある範囲に特定の生物種がいるかどうかなど)や、オスとメスの比率などです。繰り返しになりますが、こういった事象の生起について、1つまたは複数の説明変数との関連を知りたいわけです。たとえば、殺虫剤の濃度と、それをかけられた虫が死ぬかどうかといった感じです。目的変数は**二値**か、または何かの**計数**データになります。たとえば虫の生き残り実験では、各個体について生きるか死ぬかを表す二値（0か1）か、または殺虫剤により死んだ個体の数が目的変数となるでしょう。どちらの場合でも解析のゴールは、事象が起こる**確率**が説明変数とどう関わっているのか、を知ることです。この種のデータを二値データ（あるいは二項データ（binomial data））と呼びます。二値データでは値の範囲に制限があり、正規分布性はなく、残差の分散は一定ではありません。

そろそろみなさんも察しが付いたのではないかと思いますが、この範囲に制限があることと残差の分散が一定ではないことが、GLMを使う理由です。これ

注1　https://methodsblog.com/tag/methods-in-ecology-and-evolution/
注2　https://www.facebook.com/methodsinecologyandevolution

までの線形モデルとは別の、二値データを正しく取り扱える統計モデルとしてGLMを使います。

7.1.2 GLMの大事な用語

ではここから、RでのGLMの使い方を見ていきます。GLMの理論や実装は普通の線形モデルに比べてかなり難しいので、GLMの使い方を見るだけでも容易とは言えません。ここではRやモデルを「使ってみる」というこの本の趣旨に照らして、まずGLMの用語についてニュアンスや意味、使い方を説明します。

GLMには大事な用語が3つあります。この後の例ですぐ使う用語なので、厳密な正確さにこだわらずに説明しますが､3つのうちの1つはfamily（分布）です。familyについて学ぶことには、誰も異論はありませんよね。

1. **分布**（family）：目的変数の分布を記述する確率分布モデルのことです（誤差構造（error structure）とも呼ばれます）。ところで確率分布モデルとは、事象の生起がどうバラつくかを記述した、単なる数式です。たとえばポアソン分布や二項分布がfamilyの例です。
2. **線形予測子**（linear predictor）：各説明変数が目的変数の期待値（たとえば上で出てきた出生率や死ぬ確率）にどのような影響を持っているかを表す方程式です。これは一般線形モデルと同じです。
3. **結合関数**（link function）：最初はわかりにくいかもしれませんが、名前が理解のヒントになります。これは目的変数の期待値と線形予測子の間の関係を記述した数式で、分布と線形予測子というGLMの2つの部品をつなぐもの（link）です。

今すぐこれらの用語をきっちり理解する必要はありません。この章の最後まで進めてから読み直すと、今よりはわかりやすくなっているはずです。

GLMにはいくつか種類がありますが、ここではそのうちの1つ、計数データの解析の手はじめに適したものを例に説明を進めます。ここからは、これまでの章で登場した一般線形モデル（general linear model）を`lm()`、この章で説明するGLMを`glm()`で作ります。この章では前章までより理論的な説明が多くなります。実習や授業などでは、GLMを取り上げても、たとえば結合関数の重要性などを理解しきれないことが多いようですが、この章でGLMを理解すれば、前章までの線形モデルもよりよく理解できると思います。

7.2 計数データと比率データ：ポアソンGLM

7.2.1 ヒツジを数える：データとその目的

さて、ではヒツジを数えることからはじめましょう。いや眠っちゃダメです。上で触れたような、目的変数の値が計数データである例に取りかかろう、ということです。このデータを観測した目的は、1つまたは複数の説明変数によって、事象（子供が産まれること）の生起する**割合**がどう変わるのかを知ることです。謎めいたことを言っているぞ、と思った人もいるかもしれませんが、この章が終わる頃にはちゃんとわかるようになります。信じてください。

ここで行うデータの解析は、自然淘汰の研究とも言えます。スコットランドの西に浮かぶヒルタ島には、ソアイ種と呼ばれる野生化したヒツジが、誰にも管理されずに生息しています（管理されなくなって、**それで**野生化したのです）。このヒツジを対象に多くの環境学や進化論の研究が行われていて、その中にはメス個体の環境への適応度の研究もあります。適応度の定義のしかたはいろいろあり得ますが、その1つとして、生まれてから死ぬまでに産んだ子ヒツジの数、生涯繁殖成功度（Lifetime Reproductive Success）をそのまま適応度にする、というやり方があります。そこでここでは、適応度は産んだ子ヒツジの数だとしましょう。生涯繁殖成功度は正規分布ではなかなかうまく近似できないので、GLMのいい例になります。一般線形モデルが適切であることは、まずありません。

では、ある個体集団を対象として、ヒツジの適応度と、各個体の体重を測定したとしましょう。体重は生涯のうちに変動し得るので、何らかの決められた方法で標準化し、その個体の生涯を通じた平均的な値として計算したものとします。このデータから知りたいことは「体重が重ければ産む子も多いか？」つまり大柄な母親は子だくさんか？ということです。体重の差は親たちから子たちに受け継がれ（子は親に似ますからね）、したがって、他に生物学的な制約がなかったら（これはかなり大きな前提ですよね）、世代交代が進むにつれ自然選択により重い個体が増えるはずです。つまりここでは、「ソアイ種ヒツジでは個体の体重と適応度に正の相関があるという仮説が、真かどうか評価する」ということになります。

この例のデータはsoaysheepfitness.csvというファイルに入っています（これまでのデータと同じやり方で取り出してください）。まずはこのデータをRに読み込んで、その構造（列や行がどうなっているか）を見ましょう。そしてここでも、これまでの例とまったく同じように、スクリプトを新しく開き、スッキリお掃除命令を書いて、ggplot2とdplyrを読み込みましょう。その後、データを読み込みます。

```
soay <- read.csv("soaysheepfitness.csv")
glimpse(soay)
```

データの構造は非常にシンプルですね。サンプル数は50で、変数は2つだけです。変数の1つはbody.sizeという名前で個体の標準化した平均体重（単位はkg）、fitnessは適応度、つまり生涯繁殖成功度です。

ではいつものように、知りたいことがうまく見えるような図を作りましょう。この例では、適応度を体重に対して散布図でプロットするのがよさそうなのは明らかです（図7.1）。データ点のプロットに加えて、線形モデル（直線）や非線形モデル（曲線）がデータに適していそうかどうか、図で確認することもできます。ggplot2のgeom_smooth()を使えば一発です。

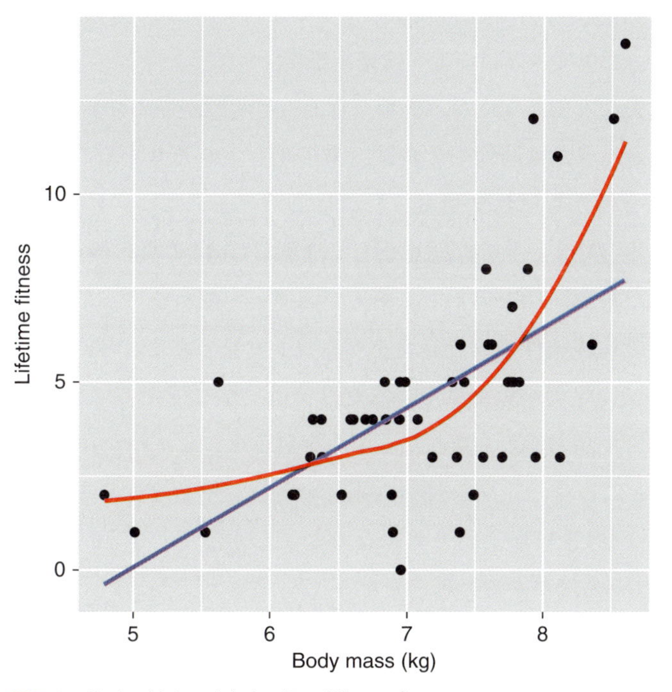

図7.1 体重に対する適応度（子の数）のプロット。

```
ggplot(soay, aes(x = body.size, y = fitness)) +
  geom_point() +
  geom_smooth(method = "lm", se = FALSE) +
  geom_smooth(span = 1, colour = "red", se = FALSE) +
  xlab("Body mass (kg)") + ylab("Lifetime fitness")
```

青い線は`geom_smooth(method="lm", se=FALSE)`で描かれていて、線形回帰によって得られる直線です（第4章でやったものです）。そして赤い線は`geom_smooth(span=1, colour="red", se=FALSE)`で描かれたもので、これは直線回帰より柔軟な統計モデルで得られる非線形性を示す曲線です。ここでは局所回帰（local regression）と呼ばれる方法が使われています。これには深入りはしませんが、`span = 1`で、曲線のぐにゃぐにゃ具合を指定しています（ホントか？と思ったら試しに0.5などにしてみましょう）。

直線と曲線のどちらを見ても、体重と適応度の間には正の相関がハッキリあるように思えます。つまり生涯の間に、大きなヒツジほどたくさんの子を産むということです。意外なことではありませんよね。納得できなかったら、学校で生物を習い直しましょう。体の大きな母親は、それだけ多くのエネルギーや物質を出産のために使えることになります。しかしそうは言いながら、体重と適応度の関係を直線で表そうとすると明らかにおかしくて、データに合っているとは言えません。体重と適応度の関係は右上がりですが、その上がり方の度合いは赤い曲線の方がうまく表現できているように見えます。

これで大丈夫なんでしょうか？まぁ、ちょっと問題があるかもしれません。変数変換をするか、または回帰モデルに二乗の項を入れたりすることで、こういう非線形性を扱えるかもしれません。しかしこのデータには、もっと見えにくい、別の問題があるのです。その問題を正しく理解しGLMの真の価値を知るために、まずは見慣れた線形回帰モデルで、あえて間違った解析をやってみましょう。線形回帰モデルで前提条件の成立具合をプロットで見てみる、ということです。この手の問題には、生データを見ているだけではいつまでたっても気付きません。こうやってモデルがおかしくなったところを見ると、よくわかります。その問題が理解できたところで、GLMを使った正しい方法で解析をやります。それによって、この例でなぜGLMがよいモデルなのかがわかるでしょう。また、どう使えるのかも、ちょっとはわかると思います。

7.3　ダメなやり方がどうダメなのか、やってみる

みなさんはすでに、`lm()`を使って一般線形モデルを作り、ggfortifyの`autoplot()`を使って診断プロット（図7.2）を見ることはできるようになっていると思います。

というわけで、さぁみなさん、もうモデルはできましたよね？では、そのモデルのデータへの当てはまり具合はどんな感じですか？そう、ひどい有り様でしょ

う？その結果、診断プロットもひどいものです。ここでは、非線形に見えるデータに直線を当てはめており、その残差には等分散性があり、残差の分布は正規分布だという前提を置いていました。診断プロットを見ると、前提条件にはいくつも問題がある、いえむしろ、ほとんどの前提条件が満たされていないように見えます。

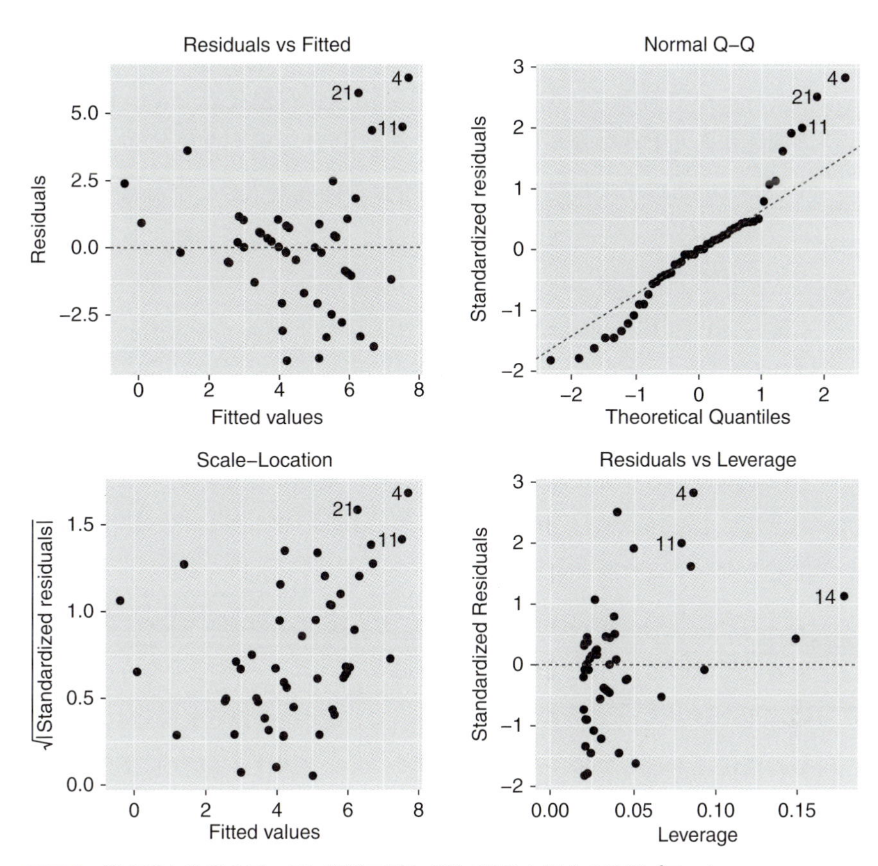

図7.2 適応度と体重のデータに線形モデルを当てはめた場合の診断プロット。

7.3.1 診断プロットから見える線形モデルの問題点

モデルの値と残差のプロット（Residuals vs Fitted。左上パネル）では、何やらパターンがあるように見えます。これはモデルの形式が最適とは言えないことを表しています。もう少し詳しく言うと、全体的に見てU字型のようになっているということは、散布図上で2つの変数の値の間に見られる曲線状の関係が、直線ではうまく説明できないということです。体重が小さいときにはモデルの表す適応度の予測値が小さすぎ、中くらいの体重では予測値が大きすぎ、体重が大きくなるとまた小さくなりすぎているのです。

QQプロット（Normal Q-Q。右上パネル）でも問題があります。ほとんどの点が破線上に乗るべきですが、横軸のTheoretial Quantilesが正の範囲の点は破線より上にあるものが多く、負の範囲の点は多くが破線の下にあります。これでは正規分布しているようには見えません。ここでもう少し詳しく言うなら、こういった偏りは残差の分布が対称でないことによって発生しています。歪んで右側（値の大きな側）に偏っているのです。残差のヒストグラムを描いて見てみれば、よくわかるでしょう。

モデルの値と標準化残差のプロット（Scale-Location。左下パネル）では、モデルによる予測値と、その点での標準化残差の絶対値の平方根に、何となく正の関連がありそうなのが見て取れます。図7.1で適応度の値が赤い線に対してバラついている様子を反映し、この図では適応度が大きくなるにつれて、縦方向のバラつきが大きくなっています。これは、平均と分散の間に正の関連があるということです。適応度の予測値（訳注：その点で分布するであろうデータの平均値／期待値が予測される）が大きな値のときに、残差の分散も大きくなるということです。この関連は、この例のような計数データでよく見られます。

残差とテコ比のプロット（Residuals vs Leverage。右下パネル）は、他のものほどは悪くありません。標準化残差には極端な値を取る点はなく、したがってあからさまな外れ値はないと言えます。またモデルに対して特段の大きな影響を持ったデータ点もありません。

以上をまとめると、「線形回帰モデルを使ってあえて行ったこの間違ったモデルの当てはめは、決してよい出来ではなく、データの様子をうまく記述できたとは言えない」ということです。したがって、モデルを修正しなければなりませんが、その前に、新しく登場する分布モデルについて少しお勉強しましょう。

7.3.2　これが答えだ — ポアソン分布

線形回帰モデルを使ったときの問題点の1つは、何の変換も適用しない生の計数データでは、残差の分布に正規性がないことでした。なぜ計数データではそうなるのでしょうか？正規分布の性質を考えてみると、いくつかの理由がわかります。

1. 正規分布はそもそも、連続型の確率変数について考えられたモデルです（なので確率変数は小数の値を取り得ます）。一方で計数データは離散値しか取りません。この例では、雌牛の産む子の数は0、1、2 ...といった値を取りますが、2.5などにはなり得ない、ということです。
2. 正規分布の確率変数は負の値を取り得ますが、計数値は負にはなり得ません（0になることはあるとしても）。子が0頭ということはあっても、－2頭ということはありません。生物学的な考察ではそうなりますよね。

3. 正規分布は左右対称ですが、計数データの分布は非対称になることがよくあります（いつもそうとは限りませんが）。負の値を取り得ないことが1つの理由です。これは自明ではないと思う人もいるかもしれませんが、真実です。

多くの場合、計数データに対しては、正規分布はよいモデルとは言えません。その一方でポアソン分布なら、**ある種の**計数データには、うまく**当てはまることがあります**。この本は統計学の本ではないので、ポアソン分布の詳細な説明はここではしません。代わりに図をお見せしましょう。図7.3は、平均値を変えてプロットしたポアソン分布の確率関数です。横軸は変数の取り得る値（計数データの値）、縦軸は変数がその値を取る確率です。

図を見ると以下のようになっているのがわかります。これにより、ポアソン分布が先ほど線形回帰モデルを当てはめようとして見えた正規分布の問題に対応できており、計数データの分布を表すのによいかもしれないことがわかると思います。

- 変数は離散値（0, 1, 2, 3, ...）しか取り得ません。下限は0です。大きな値を取ることもなくはないですが、その確率は非常に低くなっています。
- 分布の平均値が大きくなると、分散も大きくなります。平均値が大きくなると、分布の裾（根元）の幅も大きくなるからです。

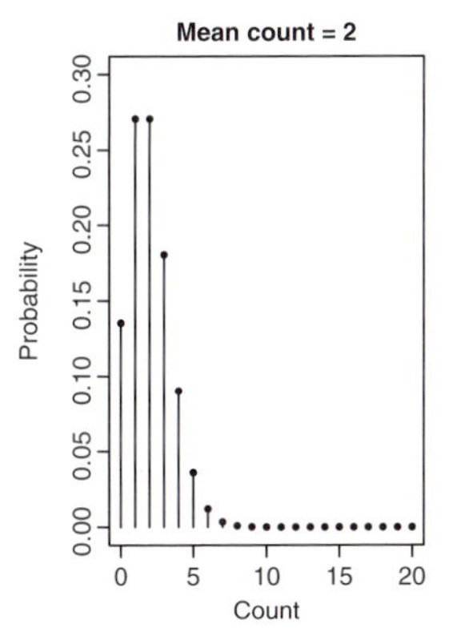

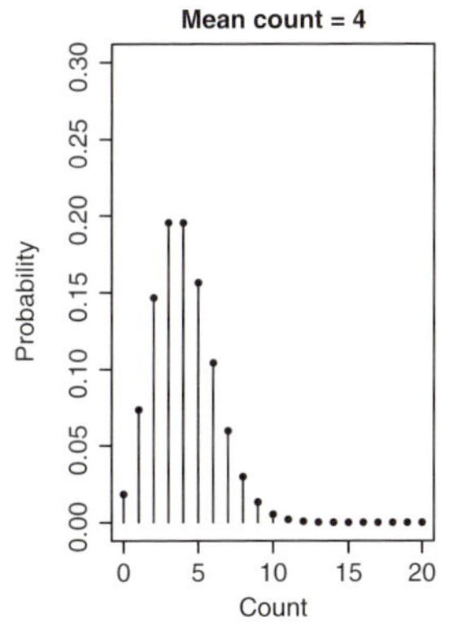

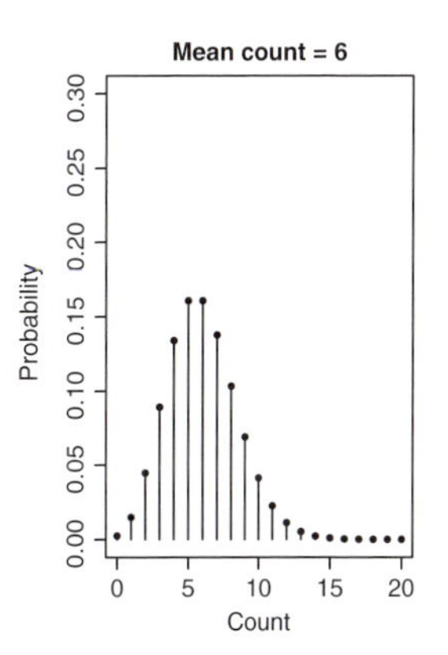

図7.3 ポアソン分布の例。

ポアソン分布は、**上限のない**計数データを解析するのにぴったりです。「え、上限がない？何を言っているんだ！？大きな値は出ないって言ったじゃないか」

と思いますよね。そう、これは、計数値には確率変数としての上限は定義されていないということです。たとえばソアイ種の雌ヒツジが生涯に産む子の数は2、5や10などの値になり得ます。もちろん、生物学的に考えれば適応度、つまりここでは生涯繁殖成功度には現実的な制約があります。子ヒツジを100頭産むとは考えられません。しかしこれはここで言っている変数の上限とは違うのです。解析の現場においては、変数の上限値を定義しないことは、有効で便利な仮定となるのです。

さてでは、ソアイ種の雌ヒツジにおける適応度と体重の関連を、どうやってポアソン分布でモデリングしましょうか。もちろん、それにはGLMを使います。GLMの各構成要素を理解するとGLMが使えるようになりますから、ちょっとだけ、理論の話をします。

7.4 正しいやり方 — ポアソンGLM

7.4.1 GLM大解剖

この章の最初で、GLMに関する大事な専門用語を紹介しました。分布(family)、線形予測子（linear predictor)、結合関数（link function）の3つです。GLMを使って大惨事に見舞われないためには、おおよそでもよいので、これらの言葉の意味を理解しておく必要があります。というわけでみなさんを弾丸ツアーにお連れしましょう。これでRでGLMが使えるようになります。

分布 (family)

GLMの分布（または誤差（error)）の部分は、さほど難しくはありません。目的変数の分布を記述する分布モデルの種類のことです。**一般線形**モデルでは、分布モデルは正規分布だけでした（これによっていろいろな前提条件が発生してしまいます）が、GLM、つまり**一般化**線形モデルでは、他の分布モデルも使えます。ポアソン分布（先ほど見ました)、二項分布（後で出てきます)、ガンマ分布（変数が正で連続するとき)、またはその他、全世界の様々な分布モデルです。それぞれにとって適したデータのタイプというものがありますが、まとめると、GLMで異なる分布モデルを使うことで、非常に多種多様な目的変数を扱えるようになります。GLMでのデータ解析がすごくパワーアップするのです。

線形予測子 (linear predictor)

自覚していないかもしれませんが、みなさんはすでに、線形予測子のことを見ています。`lm()` でモデルを作るときは、引数として当てはめ対象となるデータに加えてモデルを定義するRの簡単な数式を指定しますが、この数式の役目は結局、線形予測子を定義することなのです（なので、一般線形モデルにも線形予測子はあるわけです）。

線形予測子のことを理解するには、線形回帰を例に考えてみるのが一番わかりやすいでしょう。ヒツジの適応度のデータで考えます。先ほど、`lm(fitness ~ body.size, ...)` でダメな回帰をやりました。みなさんはこの関数でRに「body.sizeを説明変数にしてその傾きと切片を求めることで、fitnessを予測するモデルを作ってください」とお願いしました。数式としてはこのようになります。

fitness 予測値 = 切片 + 傾き × body.size

`lm()` 関数の引数として指定する数式では、切片を明示する必要はありませんでした。切片は、自動的に数式に追加されます。切片のない線形モデルが役に立つことはほとんどないからです。そして、こっちの方が大事ですが、線形予測子とは、この小さな数式の=の右側の部分のことです。つまり線形予測子とはモデルそのもの、`summary()` で表示されるあのたくさんの係数は、線形予測子を構成する数々の切片と傾きの、それぞれの推定値なのです。ほら、確かにすでに線形予測子のことを見ていたでしょう？

ちなみに、これを線形予測子と呼ぶのは、それぞれの値を持つ切片と傾きを全部まとめて1つのものとして扱うためです。第5、6章で回帰、ANOVAと共分散分析をやりましたが、そこで作った各モデルは、それぞれを線形予測子として表すことができます。ただし、カテゴリカル変数を含むモデルはちょっと変則的でしたけど（だから、やりません）。

結合関数（link function）

よし、線形予測子は片づきました。次は結合関数です。これはGLMの一部分なのですが、多くの人々を混乱におとしいれる存在です。でもとっかかりは簡単です。みなさんは宇宙船を操縦していると考えてください。「管制室、問題が発生した。診断プロットだ。分布範囲に上下限のある整数データにおいて平均値の上昇とともに分散が増大しているケースに遭遇した。だが分布モデルと結合関数の適切な選択で問題は回避できると考えている。」

結合関数を理解するには、どんな場合にそれが必要になるか見てみるのがよいでしょう。先ほど、ヒツジの適応度のデータで線形回帰をやりましたが、そこにデータを新たに追加して線形モデルを当てはめ直した結果、もし切片が−2、傾きが+1.2という推定値になったらどうなりますか？体重2 kgの雌ヒツジの適応度を予測すると、$-2 + 1.2 \times 2 = 0.4$になります。もちろん0.4頭というのは平均値であって、実際の頭数ではないので、小数でも構いません。では1 kgのヒツジだったら？予測値は$-2 + 1.2 \times 1 = -0.8$になります。負の頭数です。これは適切な予測とは言えないでしょう。

ヒツジ学の専門家たちからは体重が1 kgのヒツジはあまりいないと言われるかもしれませんが（訳注：出生時で2～5 kg程度のようです）、いずれにせよ現実的でない、あり得ない予測をしないモデルがあるといいな、と誰もが思うでしょう。これが結合関数の仕事になります。目的変数の値を直接に予測するモデルではなく、GLMでは、**予測値を変換した値**をモデリングの対象にします。この変換を行う関数が結合関数です。

わかりますか？確かに直前の段落は、何を言ってるかちょっとわかりにくいかもしれません。ヒツジの適応度のデータをもう一度見て、うまく理解できるように考えてみましょう。このデータにおける適応度と体重の関連をモデリングするのにポアソンGLMを使ったとすると、適応度の予測値を計算するモデルはこのようになります。

Log[fitnessの予測値] = 切片 + 傾き × body.size

ここでもっとも大事なのは、この場合の結合関数は**自然対数**だということでしょう。標準的なポアソンGLMの場合、結合関数は常に自然対数になります。

この例では、適応度を直接予測する代わりに、体重から適応度の対数値を予測する線形モデルになりました。適応度の予測値自体は必ず正の値になりますが、その対数値はどんな値でも取り得ます（7.1とか −2とか0とか、いろいろ）。この対数結合関数があるために、適応度の予測値を得るには若干の数式演算が必要になります。

fitnessの予測値 = exp(切片 + 傾き × body.size)

このヒツジの適応度データに対するポアソンGLMは、適応度と体重の間に指数的な（つまり、なんと非線形の）関係があることを意味しています。線形モデルは、必ずしも線形の関係を意味するわけではないのです。覚えておきましょう。加えて、簡単な線形回帰をやったときの診断プロットを思い出すと、指数によるこのモデリングは悪くないことがわかるでしょう。図7.1も見なおしてみてください。

まとめると、結合関数を使うことで、線形予測子の値がより「正しく」なるように、そのパラメータ（切片と傾き）を推定することができます。それは、目的変数の座標軸から線形予測子の座標軸、今の場合だと結合関数である自然対数の領域へと写すことによって可能になります。ふぅ。これでもうわかりましたよね？

図7.4は対数結合関数の様子を表したものです。これが少しは理解の助けになるはずです。縦の破線で描かれている軸は実数領域を表す数直線で、正（上）と負（下）の両方向に制限なく伸びています。予測値の計算などは、本当はこの軸上でやれれば助かるわけです。しかし計数データは連続ではないし範囲も0以上に限られています。ポアソンモデルによる予測は、その範囲内でしか生きていけません。つまり、計数データに対して正しいモデルであるためには予測値は0以上にならねばなりません。一方で、統計解析の計算や作業の都合上、範囲の制約はない方がありがたいのは間違いありません。ここで結合関数の出番です。結合関数はみなさんを幸せな場所に連れていってくれます。そこでは線形予測子による予測値に制限がなく、どんな値になっても構いません。「正しい」結合関数である対数変換が、正の領域に限られた値（平均出産数の予測値）を実数の全領域（線形予測子の値）に写してくれます。

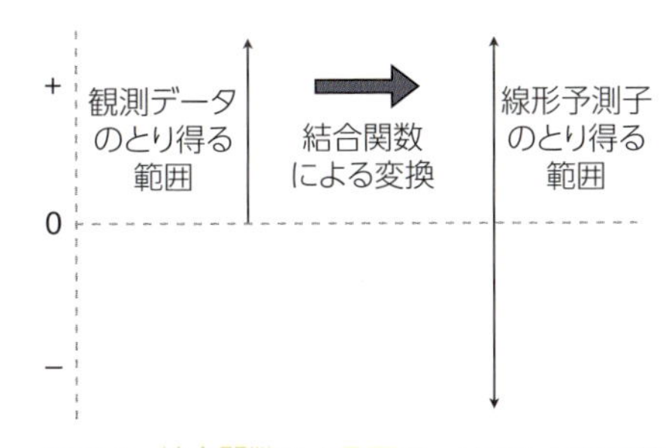

図7.4　結合関数による変換。値のとり得る範囲を縦の矢印で示している。

GLMのデータへの当てはめについては、たとえば尤度（ゆうど）(likelihood)、逸脱度(deviance)、尤度比検定（likelihood ration test)、散布度（dispersion）など、重要な用語や概念が他にもたくさんあります。しかしとりあえずGLMをはじめるには、もう十分でしょう。以降の内容は、RでGLMを使うための、実用的な入門編になると思います。必要に応じて説明を追加しながら進めていきます。

7.4.2　実際によく当てはまるモデル

ポアソンGLMモデルをヒツジの適応度データに当てはめて、もっとよいモデルを作るとしましょう。よいニュースとしては、みなさんにはすでに、RでGLMを作るためのスキルが備わっていて、それを理解しているということでしょう。難しいことは何もありません。みなさんは`lm()`、`autoplot()`、`anova()`、`summary()`を使えるし、これまでと同じ、「**プロット**」→「**モデリング**」→「**前提条件の確認**」→「**解釈**」→「**仕上げの図の作成**」という作業手順を身に付けているからです。データのプロットはもうやりましたね。その続きからはじめましょう。

GLMでモデルを作るときにはlm()は使いません。代わりに使うのは……（ドラムロールがここで入ります、じゃん！）glm()です！glm()はlm()とまったく同じように使えます。違いは、使う分布モデルを指定できることです。

```
soay.glm <- glm(fitness ~ body.size, data = soay,
                family = poisson)
```

lm()のときのコードとまったく同じです。glm()の引数には、モデルを定義するための数式、当てはめる対象のデータ、分布モデルを渡します。

ん？結合関数はいったいどこ？そこはRがうまくやってくれます。引数で結合関数を指定しなかったときは、適切なものをRが選んでくれるのです。「正準結合関数」と呼ばれるものです。いかにも立派な感じのする名前ですが、この正準（canonical）は結局デフォルト設定（default）ということ以上の意味はありません。ポアソンGLMでは対数結合関数がデフォルトでしたね。これを明示的に指定してもよいですし、デフォルト以外のものに変えるのも簡単です（私たちは対数を使いますけど）。どんなものが指定できるかは、たとえば?familyを実行すれば、ヘルプで見られます。

```
soay.glm <- glm(fitness ~ body.size, data = soay,
                family = poisson(link = log))
```

7.4.3　診断プロット

GLMの当てはめ自体は、楽なものでしたね。では続いて、診断プロットを見てみましょう。autoplot()はglm()で作ったモデルもちゃんと扱って4つの図を作ってくれます。ただ、GLMのモデルもこれまでと同じように診断すればよいかというと、それは自明とは言えないかもしれません。説明しましょう。

診断プロット自体（図7.5）は、線形モデルを当てはめたときより、よくなったように見えますね。

- モデルによる予測値と残差のプロット（左上パネル）は、モデルの構造自体はかなりよいことを示しています。横軸と縦軸の間には、終わりの方で少しだけ上昇する傾向があることを除けば、明らかな関係性はこれといって見えません。終わりの方の上昇にしても、右端の2点によるものであり、他には懸念するほどの場所はないと言ってよいでしょう。

- QQプロット（右上パネル）もかなりよくなっています。破線からはずれている点もあるので完璧とは言えませんが、この図において完璧さを求めることはできません。人生とはそういうものです。`lm()`で作ったモデルのときの図に比べると、ずいぶんよいと思います。なので、残差の分布は問題ないと言えるでしょう。
- モデルの値と標準化残差のプロット（左下パネル）では、モデルによる予測値とその残差の間には、正の関係がわずかにあるように見えます。この点に注目すれば、すべてが順調とは言いがたいかもしれません。
- 残差とテコ比のプロット（右下パネル）は悪くないようです。明らかな外れ値、モデルに対する影響が飛び抜けて大きい点はないと言えるでしょう。

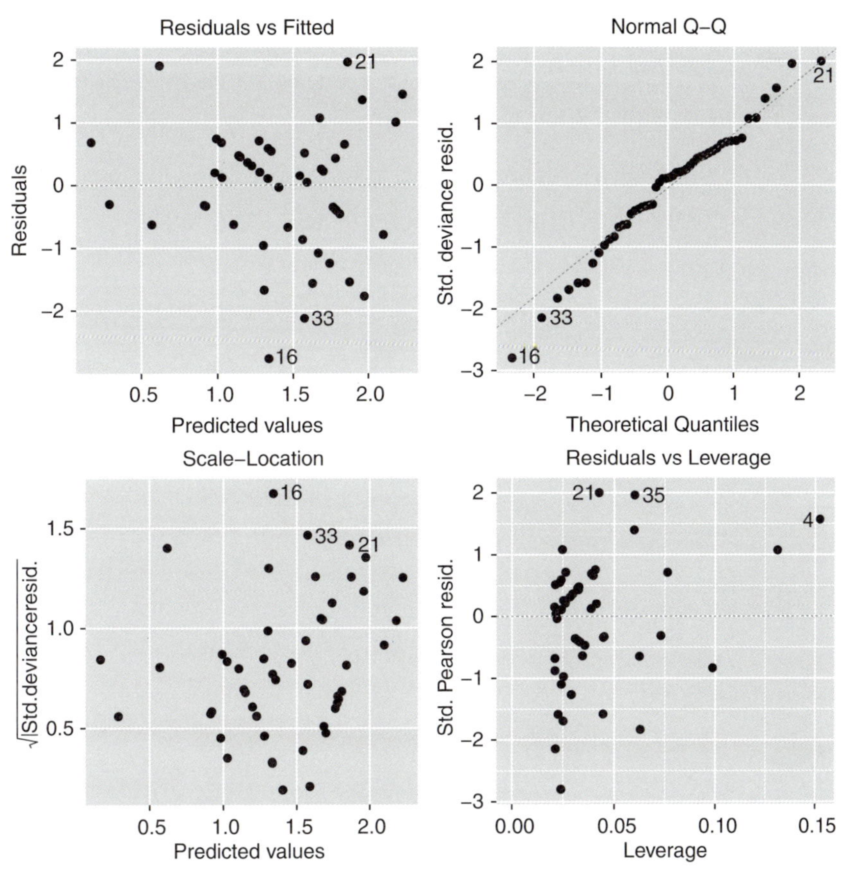

図7.5 データのバラつきにポアソン分布を仮定したGLMを、適応度と体重のデータに当てはめたときの診断プロット。

全体的に悪くない感じです。何か、気になる点がありますか？まぁそうですね、あるとしたら、まずQQプロットでしょうか。これは残差の分布と正規分布との相違を見ています。正規分布？ポアソンモデルを使ったのに？またモデルの値と標準化残差のプロットも気になるかもしません。ポアソンモデルなら平均値が大きくなれば分散も大きくなるから、横軸と縦軸の間に正の関係性があってもよいはずです。それをよくないことのように言うのは、どうしてでしょうか。

これは、GLMを作るときにRの内部では、標準化逸脱残差（Standardized deviance residual）と呼ばれる量を使うためです。まぁこの名前も、ちょっと立派すぎではあります。これは残差を変換したもので、GLMで使った分布モデルが適切であれば（適切なときにだけ）正規分布になるように変換されています。

つまり「データ対して選んだ分布モデルが適切であれば」、GLMの診断プロットも、誤差が正規分布するようなモデルの診断プロットと同じようになります。GLMのための特別な診断のしかたを改めて勉強しなくてもすむ、というわけです。変換された残差によるQQプロットを見れば、残差の分布モデルとしてポアソン分布が適切かどうかがわかり、モデルの値と標準化残差のプロットを見れば平均と分散の関係に問題があるかどうかがわかります（ポアソン分布が適切であるときにだけ、何の関係性も見られないプロットになります）。

7.4.4 anova()とsummary()

どうですか。大仕事でしたが、いい仕事ができたようですね。データにうまく当てはまるモデルができました。初心を思い起こすと、このデータは体重と適応度の関係が正かどうかを調べるためのものでした。散布図ではそれっぽく見えますが、それを言うための根拠としてはやはり、p値がほしいところです。すると次の作業は、モデル中の体重変数の項の係数が有意かどうかを検定することです。

繰り返しになりますが、みなさんはもう、その作業手順を知っています。まずはanova()です（思い出してください。anova()はANOVAをやりません）。lm()が作ったモデルに対してanova()は分散分析表を表示しますが、glm()のモデルに対してもほぼ同じことが行われます。

```
anova(soay.glm)

## Analysis of Deviance Table
##
## Model: poisson, link: log
##
## Response: fitness
##
## Terms added sequentially (first to last)
##
##
##           Df Deviance Resid. Df Resid. Dev
## NULL                         49     85.081
## body.size  1   37.041        48     48.040
```

最初に注目すべきは、分散分析表（Analysis of Variance Table）がないことです。表示されているのは、逸脱度分析表（Analysis of **Deviance** Table）です。でも、あわてることはありません。中身はだいたい見慣れたものです。出力の最初の方は前書きで、これは何の表なのか、そしてどんなモデルを対象にしているのかを説明しています（ポアソン分布と対数結合関数）。また、表が逐次的（sequential）であることも表示されています。ここまでは見たままですが、みなさんが詳しく知りたいのはもちろん、その後に出ている表をどう見たらいいのか、でしょう。ただそういう重要なことの前に、そもそも逸脱度って、いったい何なんでしょう？

逸脱度（deviance）という単語の意味は、その字面ほど面白くありません。これは尤度（likelihood）から得られる値で、統計解析で広く使われています。ここでは尤度について詳しくは説明はしませんが、すっごく簡単に言うと、いいですか？「あるデータに対する統計モデルの尤度とは、そのデータがそのモデルから生成されていそうな度合いを定量的に表すもの」です。ここまでの流れを理解していれば、モデルの尤度が最大になるようにモデルの係数を選ぶことで、データにもっともよく当てはまるモデルを得ることができます。残差の分布に正規分布を仮定することで、残差二乗和とその平均を使って係数の異なるモデルを比較することができますが、GLM（を含む多くの他の統計モデル）では、尤度（と逸脱度）を使って同じことをします。以上、おそらく史上最短の尤度の説明でした。ここではこれで十分です。

逸脱度分析表で次に見るべきところは、表中には残差二乗和と平均平方、自由度、F値、p値などの代わりに、自由度、逸脱度、残差逸脱度しかないことです。えっ！p値がない！この表からわかることは、何やら逸脱度が合計で85.081（適応度について）であること、体重によって説明される逸脱度が37.041であること、だけです。逸脱度の半分くらいは体重由来だということは何となくわかりますが、それって、結局、どういう意味なのでしょうか。

で。p値は、いったい、どこにあるの？

ここにp値がないのは、Rにそれを計算するための検定法を指定していないからです。GLMの場合は好きな検定法を使えるのです。というか、指定せねばなりません。GLMでは、F分布よりもχ^2分布を使うのがお決まりのパターンです。といってもχ^2検定ではなく、こんな感じでやります。

```
anova(soay.glm, test = "Chisq")

## Analysis of Deviance Table
##
## Model: poisson, link: log
##
## Response: fitness
##
## Terms added sequentially (first to last)
##
##
##           Df Deviance Resid. Df Resid. Dev  Pr(>Chi)
## NULL                         49     85.081
## body.size  1   37.041        48     48.040 1.157e-09 ***
## ---
## Signif. codes:
## 0 '***' 0.001 '**' 0.01 '*' 0.05 '.' 0.1 ' ' 1
```

出力中の詳細情報を見ると、検定量はχ^2で値は37.041であること、その自由度は1であることがわかります。p値は非常に小さな値ですね。散布図（図7.1）で横軸と縦軸の間に関連が強いこと自体は見えていたので、p値がこれほど小さくても、さほど驚くことはありません。でも、実際に小さなp値が出たのはいいことです。このp値は尤度から計算された値です。そう、つまりみなさんはここで、anova()の引数にtest="Chisq"を指定することで、尤度比検定を行ったのです（よくできました！）。重要なのは体重による逸脱度がかなり大きいことです(この場合は大きいと言えるのです。信じてください)。そう思って見ると実際、もともと85である逸脱度が、説明変数である体重の項によって48に下がります。適応度の値の変動の中の、それなりに大きな部分が体重によって説明されたわけです。「体重が大きいと適応度も大きいのか？」という問いへの答えは、イエスです（$\chi^2 = 37.04$、自由度 = 1、$p < 0.001$）。これがここでの結論です。

ここを解析のゴールにしても構いません。データを解析して体重の適応度に関する仮説の検定を終えたのですから。自然選択には体重が正の影響を持っていたので、そこから考えるとソアイ種のヒツジはいずれ、すべて象のように大きくなる可能性があります（そうならない可能性もあります）。

ただ、このモデルから「体重は適応度に正の有意な影響を持つ」以上のことは得られないでしょうか？そういえば、summary()をまだ見ていませんね。これでモデルの係数を見てみましょう。これを見るとsummary()のありがたみがわかると思います。

```
summary(soay.glm)

##
## Call:
## glm(formula = fitness ~ body.size, family = poisson(link = log),
##     data = soay)
##
## Deviance Residuals:
##     Min       1Q   Median       3Q      Max
## -2.7634  -0.6275   0.1142   0.5370   1.9578
##
## Coefficients:
##             Estimate Std. Error z value Pr(>|z|)
## (Intercept) -2.42203    0.69432  -3.488 0.000486 ***
## body.size    0.54087    0.09316   5.806 6.41e-09 ***
## ---
## Signif. codes:
## 0 '***' 0.001 '**' 0.01 '*' 0.05 '.' 0.1 ' ' 1
```

```
##
## (Dispersion parameter for poisson family taken to be 1)
##
## Null deviance: 85.081 on 49 degrees of freedom
## Residual deviance: 48.040 on 48 degrees of freedom
## AIC: 210.85
##
## Number of Fisher Scoring iterations: 4
```

何やら見慣れた感じがしますね。

- 最初のひとかたまりの部分は、今見ているモデルはどんなものかということと、そこで使われている分布モデルを示しています。
- 次は、残差の分布の要約です。ここは、ほぼ無意味です。この残差は特定のスケーリングが行われたもので（逸脱残差。deviance residual）、もし何か非常に大きな値があれば、それは問題となるような外れ値があったことを示しています。
- 次には係数そのものが並んでいます。ここでは、もっとも簡潔なモデル（1本の線）を使っているので、係数は2つ、切片と傾きだけです。それぞれの推定値には標準誤差も付いていて、その精度がわかります。また推定値が0と有意に異なるかどうかを判断するのに、z値が参考になります。さらにp値もあります。
- 分散パラメータ（dispersion parameter）というものも表示されています。これはときどき重要になるのですが、説明は後回しにします。
- 分散パラメータの後には、帰無逸脱度と、残差逸脱度とそれぞれの自由度が表示されています。帰無逸脱度（null deviance）はデータ自体のバラつき、変動の大きさを表す尺度です。残差逸脱度（residual deviance）は、モデルを当てはめた後の逸脱度です。この2つの差が大きいなら、それだけ変動のうちの大きな部分が説明されたことになります。
- さらに下を見ると、モデルのAIC（Akaike Information Criterion）の値があります。この本ではAICは使いませんが、AICが好きな人はここを見てください。AICを使うと、いいことも悪いこともあります。
- 最後の、フィッシャースコアを計算したときの繰り返し回数（Number of Fisher Scoring iterations）は、気にする必要はありません。これは、尤度というかっこいい指標を使ってデータにもっともよく当てはまるモデルを探すための計算が、このモデルではどのくらい難しくて挑戦的だったかを示すものです。

ここでの係数の意味するところは何でしょうか？表示されたものが何を表すのか、少し考えてみましょう。図7.1の散布図も見てください。値がちょっと妙な、おかしな感じがしませんか？係数の推定値を見ると、切片が負の値になっています。しかし散布図では、切片に相当する部分が負になるようには見えません。となると、この係数の値はいったい何を意味しているのか……？そうです。このモデルの係数は、体重5 kgの雌ヒツジの平均的な子ヒツジの数は－2.422 ＋ 0.541 ×5 ＝ 0.28頭、ということを意味しているの**ではありません**。それは散布図を見ても明らかです。

いったい何が起こっているのか？そう、結合関数のことを思い出しましょう。このGLMモデルが予測するのは適応度の値ではなく、その対数値です。体重5 kgの雌ヒツジが生む子ヒツジの数は、結合関数のことを考えなければ予測できません。適応度はexp(－2.422 ＋ 0.541×5) ＝ 1.33頭です。あぁよかった。ちゃんとした値になって、一安心です。

summary()の出力には、もう1つ注意すべきところがあります。過分散（overdispersion）と呼ばれることです。しかしここまでよいテンポで作業を進めてきましたから、この勢いを大事にして、これも後回しにすることにします。解析をやっていて楽しいのは、やはり図を作るところですから、それをやりましょう。ここで作る図でみなさんは将来、有名人になります。ソアイヒツジが象のように大きくなることを予言した図の作者として。

7.4.5 素晴らしいプロットの作成

元データにモデル曲線を重ねる作業は、第6章の共分散分析のところで説明した、直線の値を計算して描く、一般的な方法に沿って行います。ただし、これをGLMでやるには、2点だけ変えるところがあります。まず前回と同じように、expand.grid()を使って新しいx座標値（new.x）を作って、それに元のデータセット中のカラム名（ここではbody.size）を付けます（この名付け手順は省略してはダメです）。ここでは、新しいxの値の取る範囲をいろいろ考えるような難しいことはせずに、min()およびmax()関数で体重の値の範囲を決め、seq()関数でその範囲内に1000個の値を生成します。

```
# note our use of the $ to get the body.size column
min.size <- min(soay$body.size)
max.size <- max(soay$body.size)

# make the new.x values; we use the 'body.size' variable
```

```
# name to name the column
# just as it is in the original data.
new.x <- expand.grid(body.size =
                    seq(min.size, max.size, length=1000))
```

一般線形モデルでやったときと同じように、この新しいxの値をpredict()で使います。predict()の引数もやはり同様に、モデル、新しいx、計算してほしい内容（ここでは**標準誤差**）の3つです。ちょっと悲しいのは、predict()はGLMについてはinterval=confidenceという引数を受け付けてくれないことと、predict()から返ってくるのはデータフレームではないことです。共分散分析を取り上げた第6章でinterval=confidenceを使ったとき、信頼区間は$\bar{x} \pm 1.96 \times SE$だったことを覚えていますか？今回は、この変換が自動的には行われないため、標準誤差をプロットに入れるためには、標準誤差を計算するよう正式に依頼する必要があります。また、predict()が返してくれたオブジェクトをdata.frame()を使ってデータフレームに変換せねばなりません。

```
# generate fits and standard errors at new.x values.
new.y = predict(soay.glm, newdata = new.x, se.fit = TRUE)
new.y = data.frame(new.y)
# check it!
head(new.y)

##         fit    se.fit residual.scale
## 1 0.1661991 0.2541777              1
## 2 0.1682619 0.2538348              1
## 3 0.1703247 0.2534919              1
## 4 0.1723874 0.2531491              1
## 5 0.1744502 0.2528063              1
## 6 0.1765130 0.2524635              1
```

次は、整理整頓です。new.xとnew.yをくっつけて、ひとまとめにする必要があります。これもdata.frame()関数を使ってやります。前と同じように、addTheseというオブジェクトを作りましょう（プロットに付け加えることが目的ですから）。そして最後に忘れてはいけ**ない**のが、predict()が作ったfitという列の名前を、元データの列名であるfitnessに変えることです。これも前と同様、rename()関数でやります。

```
# housekeeping to bring new.x and new.y together
addThese <- data.frame(new.x, new.y)
addThese <- rename(addThese, fitness = fit)
```

```
# check it!
head(addThese)

##    body.size    fitness     se.fit residual.scale
## 1   4.785300 0.1661991 0.2541777              1
## 2   4.789114 0.1682619 0.2538348              1
## 3   4.792928 0.1703247 0.2534919              1
## 4   4.796741 0.1723874 0.2531491              1
## 5   4.800555 0.1744502 0.2528063              1
## 6   4.804369 0.1765130 0.2524635              1
```

美しい！すっきりしました！細かく刻まれた体重の値の列と、各体重値における適応度の予測値と、各予測値の標準誤差を含むデータフレームができ上がりました。これで**だいたい**、すべてをプロットする用意ができたことになります。ではこれに、信頼区間の幅も追加するにはどうしたらよいでしょう？もう少しだけ作業が必要ですね。mutate()関数を使って、信頼区間の計算とデータフレームaddTheseへの追加を同時にやりましょう。lm()に対してpredict()を使ったときはinterva=confidenceの指定で行われたことを、このmutate()で行うことになります。

```
addThese <- mutate(addThese,
                   lwr = fitness - 1.96 * se.fit,
                   upr = fitness + 1.96 * se.fit)
```

よし、ついに図を作るのに必要なものがすべて揃いました。第6章と同じようにして、どのような図が作られるのかを見てみましょう。でも、このコード、あんまりしっかり見ないでください（まだ1つだけ、問題点が残っているのです）。

```
ggplot(soay, aes(x = body.size, y = fitness)) +
  # first show the raw data
  geom_point(size = 3, alpha = 0.5) +
  # now add the fits and CIs -- we don't need to specify body.size
  # and fitness as they are inherited from above
  geom_smooth(data = addThese,
              aes(ymin = lwr, ymax = upr), stat = 'identity') +
  # theme it
  theme_bw()
```

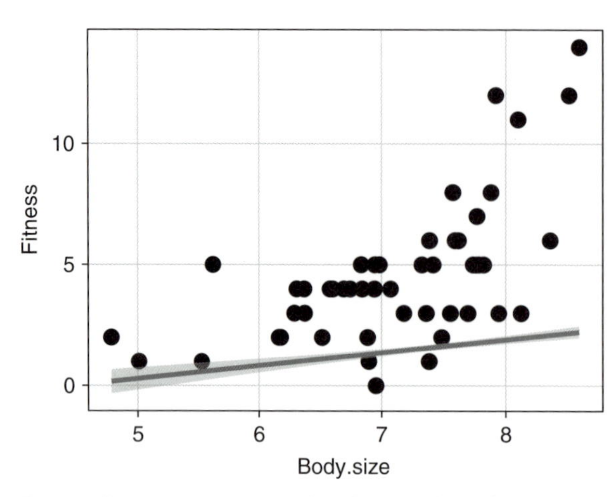

図7.6 作ろうと思ってたのと少し違う…… 直線が全然当てはまってない……

うーん、ちょっと思ってたのと違って、正しく描かれていないところがあります（図7.6）。あの面倒な、でも絶対不可欠な結合関数のことを忘れていました。`predict()` はデフォルトでは、「**結合関数**の空間」（つまり線形予測子と同じ空間）での予測値を計算します。ここでは結合関数は対数変換なので、この予測値は適応度の自然対数の値です。しかし、プロットしたいのは対数ではない適応度の値です。このような誤ったグラフを作る方法をわざわざ紹介したのは、みなさんも、いつか同じ失敗をする日が来ると思うからです。一度失敗を目にしておけば、次に同じ失敗をしたときにすぐに問題点に気付くでしょう。過去の失敗は、毎日の役に立っているのです。

これを修正するのは簡単です。addTheseの中のy軸の値を全部、対数の逆関数で変換する（非対数化とでも言いましょうか）だけです。対数の逆関数は指数です。この変換は`ggplot()`の中で直接行うこともできますが、できるだけ間違いを起こりにくくしようと思ったら、addTheseを作るときにやる方がよいでしょう。コードの各部で何をやっているか、しっかり理解するようにしてください。スクリプトは、こんな感じになるでしょう。

```
# range of body sizes
min.size <- min(soay$body.size)
max.size <- max(soay$body.size)

# make the new.x values;
# we use the 'body.size' name to name the column
# just as it is in the original data.
new.x <- expand.grid(body.size =
                     seq(min.size, max.size, length=1000))
```

```
# generate fits and standard errors at new.x values.
new.y = predict(soay.glm, newdata=new.x, se.fit=TRUE)
new.y = data.frame(new.y)

# check it!
head(new.y)

##          fit    se.fit residual.scale
## 1 0.1661991 0.2541777              1
## 2 0.1682619 0.2538348              1
## 3 0.1703247 0.2534919              1
## 4 0.1723874 0.2531491              1
## 5 0.1744502 0.2528063              1
## 6 0.1765130 0.2524635              1

# housekeeping to bring new.x and new.y together
addThese <- data.frame(new.x, new.y)

# check it!
head(addThese)

##   body.size       fit    se.fit residual.scale
## 1  4.785300 0.1661991 0.2541777              1
## 2  4.789114 0.1682619 0.2538348              1
## 3  4.792928 0.1703247 0.2534919              1
## 4  4.796741 0.1723874 0.2531491              1
## 5  4.800555 0.1744502 0.2528063              1
## 6  4.804369 0.1765130 0.2524635              1

# exponentiate the fitness and CI's to get back the
# 'response' scale
# note we don't need rename() because mutate() works with
# the fit values each time, and we 'rename' inside mutate()
addThese <- mutate(addThese,
                   fitness = exp(fit),
                   lwr = exp(fit - 1.96 * se.fit),
                   upr = exp(fit + 1.96 * se.fit))

# check it!
head(addThese)

##   body.size       fit    se.fit residual.scale  fitness
## 1  4.785300 0.1661991 0.2541777              1 1.180808
## 2  4.789114 0.1682619 0.2538348              1 1.183246
## 3  4.792928 0.1703247 0.2534919              1 1.185690
## 4  4.796741 0.1723874 0.2531491              1 1.188138
## 5  4.800555 0.1744502 0.2528063              1 1.190591
## 6  4.804369 0.1765130 0.2524635              1 1.193050
```

```
##         lwr      upr
## 1 0.7174951 1.943300
## 2 0.7194600 1.946004
## 3 0.7214303 1.948712
## 4 0.7234059 1.951425
## 5 0.7253869 1.954141
## 6 0.7273732 1.956861

# now the plot on the correct scale
ggplot(soay, aes(x = body.size, y = fitness)) +
  # first show the raw data
  geom_point(size = 3, alpha = 0.5) +
  # now add the fits and CIs -- we don't need to specify
  # body.size and fitness as they are inherited from above
  geom_smooth(data = addThese,
              aes(ymin = lwr, ymax = upr), stat = 'identity') +
# theme it
theme_bw()
```

ようやく思った通りの図ができました（図7.7）。縦軸もちゃんと正しいスケールでプロットされています。

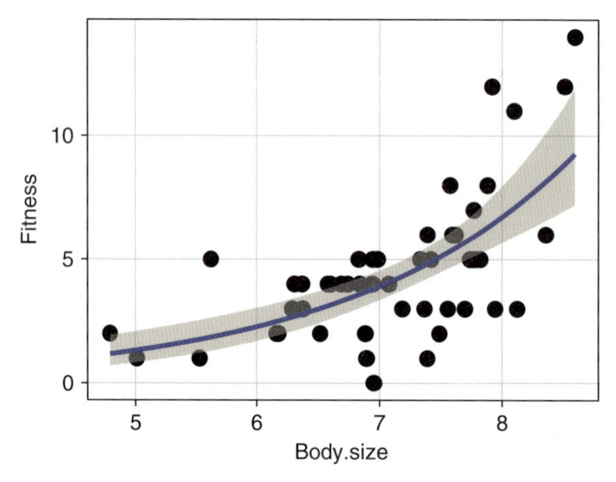

図7.7　ちゃんとデータに当てはまっているモデル曲線が描けました。素晴らしい！

ずいぶんたくさんの処理がコード内で行われているように思うかもしれませんが、すべてここまでに説明した内容です。元データの散布図は`geom_point()`で、モデルの曲線と信頼区間は`geom_smooth()`で描いています。共分散分析の例でやったときと同じです。`geom_smooth()`には信頼区間を描くための引数を渡していますが、「`x =`」と「`y =`」についてはその上にある指定を引き継いでいます。

よくできました。素晴らしい出来です。しかし、そのデータに適しているのは

GLMであると示すような洗練された図をRで作るには、他にもいろいろやることがあります。線形回帰や共分散分析の結果のプロットを示すのも有用でしょう。このときはデータの整理整頓のしかたに注意が必要です。結合関数による変換でねじれが発生しており、それを線形予測子の空間から逆変換で元に戻さないといけないことを忘れないようにしてください。

7.5 計数データなのにポアソンGLMが適さないときは?

ここまででもう、GLMというパズルのピースは全部見ました。基本的な理論と、RでのGLMの作り方、診断プロットの見方、`anova()`と`summary()`の解釈のしかた、そして一度作ってしまえば永遠に価値を失わない、出版できるクオリティの図の作り方です。作業そのものは簡単でしたね。分布モデルにはもっとも簡素なポアソン分布を使いましたが、データの分布はモデリングしやすいものでした。あんまり都合がよすぎて、現実味がない感じもします……。そうです、こんなあり得ないほどよいデータではないときは、どうなるのでしょうか……。

7.5.1 過分散

GLMをRでやるにあたって、過分散（overdispersion）のことに触れないままでは、無責任と言われてもしかたありません。過分散というかっこいい統計用語は要するに、「極端な分散」という意味です。過分散の原因としてありがちなものと、それがなぜ問題になるのかを現実世界の例で説明しましょう。そして過分散に気付く方法と、簡単な対策をいくつか紹介します。

GLMは種類によっては、データ中の変数の分布に非常に強い仮定を要求します。ポアソンGLMもその一例で、二項分布GLMもそうです。前にポアソン分布の分散は平均の増加とともに増大すると言いましたが、ポアソン分布では本当は、分散の値と平均値が**まったく同じ**なのです。このような前提は、複数のしくみが組み合わさってデータのバラつきが生じるような現象では成り立ちません。

これは、特に生物学ではかなり大胆な仮定です。屋外で個体数や群の数などを観測するとき、どんなに詳細に観察したとしても、何か観測できない事象による影響が必ずあります。計数データにその影響が含まれていると、定番のポアソンGLMでは扱えない分散がデータに含まれることになります。ラボ内で精密に整えられた環境であっても、何らかの制御できないものによる影響は避けられません。たとえば昆虫の研究において、すべての個体を完全にコントロールされた環境に置いたとしても、すべての個体にとってまったく同じ飼育条件になり、すべて同じ体長になるでしょうか（そうなったらすごいですが、大変だろうと思います）。

このような「無視された要因」は、過分散の原因になり得ます。しかし、原因はそれだけではありません。悲しいことに、無視されていない変数からも過分散は生じ得ます。変数間の**独立性が低い**ときにも起こるのです。どういうこと？と思いますよね。それは、個体数や群の数などのデータ中の観測項目が、別項目と見なすのが難しいくらいに「似ている」と、そうなるのです。たとえば昆虫の実験で、ランダムに選んだ2個体を比べるのに対して、同じ親から生まれた子孫の2個体であれば、互いに非常に似ているでしょう。成育環境に加えて、ゲノムもそっくりだからです。独立性の下がる原因がまだまだ他にもあることは、みなさんにもわかると思います。

「なんてことだ……だったら、どんなモデルでもダメじゃない……」と思うかもしれません。過分散が引き起こす問題は、過分散があることに気付かなかったときに、みなさんの大事なp値が意味を失うことにあります。最悪の場合には、p値が不適切に小さくなりすぎてしまいます。えっと、どういうことでしょうか？これは深刻な問題で、統計解析が適切に「機能している」ときよりも偽陽性（false positive）が出やすい、つまり本当は何もないのに、「有意な差がある」とp値を見て判断してしまうということです。

そう、過分散は決して珍しいものではなく、危険な暴れん坊です。無視するわけにはいきません。p値が無意味になるかもしれないからです。どうしたらよいでしょう？まずはとにかく、過分散に気付くことです。うれしいことに、これは難しいことではありません。そのための判断法があるのです。

ソアイヒツジデータのポアソンGLMの`summary()`を見てみましょう。

```
summary(soay.glm)

##
## Call:
## glm(formula = fitness ~ body.size, family = poisson(link = log),
##     data = soay)
##
## Deviance Residuals:
##     Min       1Q   Median       3Q      Max
## -2.7634  -0.6275   0.1142   0.5370   1.9578
##
## Coefficients:
##             Estimate Std. Error z value Pr(>|z|)
```

```
## (Intercept) -2.42203    0.69432  -3.488 0.000486 ***
## body.size    0.54087    0.09316   5.806 6.41e-09 ***
## ---
## Signif. codes:
## 0 '***' 0.001 '**' 0.01 '*' 0.05 '.' 0.1 ' ' 1
##
## (Dispersion parameter for poisson family taken to be 1)
##
##     Null deviance: 85.081  on 49  degrees of freedom
## Residual deviance: 48.040  on 48  degrees of freedom
## AIC: 210.85
##
## Number of Fisher Scoring iterations: 4
```

下の方に、残差逸脱度（Residual deviance、48.040）とその自由度（48）があります。GLMが完璧で過分散がない場合、この2つの値は同じになります。またその少し上には「ポアソン分布を使うときの過分散パラメータは1とする（Dispersion parameter for poisson family taken to be 1）」とあります。残差逸脱度を残差の自由度で割った値は、過分散の指標になります（分子分母が逆にならないように気をつけてください）。この指標はおおよそ1になるはずで、大きかったらそれは過分散であることを示しています。逆に小さかったら過小分散です（underdispersion。珍しいケースです）。ソアイヒツジのモデルでは残差逸脱度とその自由度はほぼ同じ値です。つまり、過分散を心配することはありません。

この過分散の指標がたとえば1.2、1.5、2.0、あるいは10だったらどうでしょうか？過分散であることは、どの段階から心配すべきなのでしょうか？これには簡単な答えはありません。統計業界での経験則あるいは慣例としては、この指標が2を超えたら警戒すべき、とされています。しかし経験則ですから、あくまで参考にしかなりません。実際にはサンプル数や過分散の様子によって過分散の危険度は違います。判断に迷ったら、統計解析に詳しい人にそのデータの危険度を聞いてみるとよいでしょう。または、他のモデルを試すのもアリです。

実際にはどんな方法があり得るかというと……

- 過分散を生じたモデルを修正する簡単な方法の1つは、`glm()`で指定した分布モデルを、「quasi」版に変えることです（`family = poisson`を`family = quasipoisson`にする）。このようなquasiモデルを指定してもGLMはquasiじゃない標準の分布モデルの場合とまったく同じように求まりますが、その後にもう一仕事、先ほど説明したより賢い方法で、過分散の指標を計算してくれます。さらに少しサービスがきいていて、指標を計算した後にp値を修正してくれます。

- ポアソンモデルで過分散が生じたときは、分布モデルを「負の二項分布(negative binomial)」にするとよいかもしれません。負の二項分布は、ポアソン分布をより柔軟にしたものと思ってよいでしょう。負の二項分布でも平均値が大きくなると分散も大きくなりますが、その間の制約はポアソン分布よりもゆるく、平均と分散は異なる値を取り得ます。

この2つの方法を簡単に説明しておきましょう。

まずquasi版の分布モデルですが、上で言ったように標準の分布モデルの場合と同様にモデルができます。ソアイヒツジのデータで`family=poisson`と`family=quasipoisson`の2つのモデルを作って、`summary()`の出力を比べると、どちらのモデルでも係数の推定値は同じなのがわかると思います（さぁ、やってみましょう！）。違うのは、その他の「統計量」の部分です。quasi版では過分散（と過小分散）を考慮に入れた方法で計算されているのです。

ね、簡単でしょう？それで、気をつけるところがもう1つあります。quasi版のことを`anova()`で見るときは、過分散の推定値を扱うように指定する必要があります。難しいことではありません。「`anova(..., test = "Chisq")`」の代わりに「`anova(..., test = "F")`」とするだけです。これによって、尤度比検定の代わりにF検定（F-ratio test）が行われます。これで検定のときに過分散の推定値を考慮に入れることができます。ここではこれ以上は説明しませんが、簡単には説明できない統計の魔術がこの中でたくさん使われているのです。

負の二項分布GLMを使うのも難しくはないのですが、このときは`glm()`を使ってはいけません。代わりに**MASS**パッケージの`glm.nb()`を使ってください。**MASS**パッケージはRの**base**パッケージに入っているので、わざわざインストールする必要はありません。**MASS**を`library()`で読み込めば使えるようになります。このこと以外は、負の二項分布のGLMを使うに当たって、ポアソンGLMと変わることはほとんどありません。`glm.nb()`は負の二項分布専用なので、分布モデルを指定する必要はありません。でも結合関数は指定できます。デフォルトは`glm()`と同じ自然対数ですが、他に指定できるものが2つあります。詳しくは`glm.nb()`のヘルプを見てください。もちろん、Rのかっこいい数式を使ってモデルを定義する必要もありますよ。

quasi版と負の二項分布は以上のような感じです。具体的な使い方を示してもいいのですが、みなさんはもう、自分のデータに対してこれらを使うだけのスキルを身に付けているはずです。

最後に少し注意点を。データに欠損値があって、それによって過分散が生じるような場合なら、このquasi版や負の二項分布がうまくいくことがあります。しかし、独立性が低いことによって過分散が生じるときには、どちらもあまり効果がないかもしれません。悲しいことです。その場合、もっと洗練されたモデルならうまくいくことがあります。ここでは詳しく説明しませんが、今後、そんなモデルがあるなら**頼りたい**という状況になったときのために、もっともよく使われる方法をお伝えしておきましょう。混合モデル（mixture model）です。

7.5.2 ゼロばっかりデータ

ポアソン分布的な計数データで過分散が生じるとき、その典型的な原因の1つとして生物学業界でよく知られているのが、ゼロ過剰（zero inflation）です。使いたい分布モデルから期待されるサンプル数に比べて、値が0のデータが多すぎると過分散を生じやすくなります。計数データがゼロ過剰であることには、各計数値のサンプル数を棒グラフで見ると気付きやすいかもしれません。ゼロのところがやたら高ければ、ゼロ過剰かも、ということです（必ずそうとは限りませんが）。

生物学の分野では、ゼロ過剰な計数データをよく見かけます。何かしらの確率的に生じる現象をポアソン過程と見なして、起きる、起きないの二値で計数したときなどにありがちです。たとえば、他家受粉する植物で、その果実を数える実験の場合、実る果実の数は、まずその花に受粉媒介者（虫とか）が来たかどうか、そして次にそれが訪れた花の数によると考えられます。もし虫が少なかったら、ほとんどの花には虫が来ないことになり、果実は実らず、データは0ばかりになるでしょう。しかしその中でも虫が訪れた花については、実る果実の数はうまくポアソン分布になるでしょう。

ゼロ過剰データを扱うには、他のモデルを使うのがベストです。（少なくとも）2つの方法があります。

- 1つ目は**混合モデル**（mixture model）です。これは、データを2つの分布モデルが混ざったものとして扱う方法です（ときには統計学者もまともな名前を付けるものです）。混合モデルでは、各サンプルの値は2つの分布モデルのどちらかから得られたものとします。どちらから得られるのか私たちにはわかりませんが、ラッキーなことに、素晴らしい統計解析機構によってそこはうまく扱えるのです。
- 2つ目は**ハードルモデル**（hurdle model）です。このモデルには2つの部分があります。1つはデータが0の部分を表すのに使う二値モデル（0かそうじゃないかを、陸上競技で走者がハードルを跳ぶ様子にたとえている）、もう一方は0でないデータを表すのに使うポアソン分布（階段の段数のような値、つまり正の整数を表す）です。後者は、ほぼポアソン分布そのものではありますが、確率変数値が0を取らないように修正されています。

みなさんがゼロ過剰なデータに遭遇してしまっても、Rがカバーしてくれます（もちろんです）。選択肢の数は決して多くはないのですが、もっとも使いやすいのはpcslパッケージでしょう（CRANにあります）。このパッケージにある`zeroinfl()`や`hurdle()`などといった関数を使うと、混合モデルやハードルモデルを使ってゼロ過剰データをモデリングできるようになります。

7.5.3　目的変数の変換は悪いことばかりでもない

みなさんが以前に統計解析を学んだことがあれば、計数データについては最初に変換してから、一般線形モデルを使うように教わったと思います。ポアソン過程から観測される計数データに対しては、対数や平方根による変換が一般的です。しかし、その後にGLMなどのより高度な統計解析を学ぶと、そこでは目的変数は変換してはならないと教わります。代わりにGLMを使えばいいのです。その方が優れているからです。

さて。正しいのはどっちでしょうか。これについては、どちらも間違いと言わざるを得ません。場合によって、目的変数を変換した方がよいことも、そうでないこともあります。あいまいですみません。実用性第一主義の私たちの立場から言えばつまり、変数変換には諸手を挙げて賛成ではないが、価値は認めるということです。たとえば慎重に計画された実験観測があって、特定の処理がどういった影響があるかを見たい（p値）、あるならその強さを見たい（係数の推定値）とします。プロットを見てもはっきりしなければ、目的変数を変換して線形モデルを作り、前提条件を診断します。これでうまくいけば、おそらくそのモデルで大丈夫です。GLMを使う代わりに目的変数を変換して線形モデルを使うことには、いくつか利点があります。

- データがある程度の大きさの値を持っていて（0ではないのが明白）、かつ互いの値が桁がいくつも変わるほど離れすぎていない場合は、変換でうまくいくかもしれません。
- あの扱いづらい結合関数のことを考えなくてすむのは、大きな利点です。変換の方が簡潔です。または、説明変数の上下限かその付近だけを観測した、両端にわかれたデータなら（訳注：非線形性が見えないので）解析は簡単でしょう。
- 過分散のことも気にせずにすみます。残差の分布を見るのがその代わりになります。これはかなり大きな利点でしょう。

いいことだらけですね。じゃあなぜ、いつもそうしないのでしょうか？それは、デメリットが無視できないこともあるからです。

- 変換によって、2つのことが同時に変わってしまいます。モデルによる予測値と分散の関係、および目的変数と予測値の関係性の「形」です。どちらかを変わらないようにすることはできますが、そうするともう一方は破壊的に変わってしまいます。
- ゼロがここでも問題になることがあります。変換によっては、目的変数に0があると変換できないことがあります。0の対数は定義されないので、代わりに$\log(y + 1)$などにせねばなりません。しかしこんなことをすると、たいてい診断プロットに問題が生じます。
- できたモデルを解釈したり使ったりするのが困難なことがあります。もともと測定したデータと違う尺度で予測が行われるからです。

どうしたらよいか決めかねるときは、いろんなオプションを試すしかありません。その際、常にいつもの解析手順をきちんと踏むのを忘れないようにしましょう。「**プロット**」→「**モデリング**」→「**診断**」です。

7.6 まとめとポアソン回帰の先

どうですか、面白かったと思いませんか？この章ではGLMを学びました。計数データや二値データなど、GLMを必要とする（むしろ使わせてくれとお願いしたくなる）ようなデータを見てみました。また一般線形モデルとGLM、つまり一般化線形モデルの違いを理解し、自信を持って使い分けられるようになるために、理論的なことも少しずつ学びました。統計モデルを使うのは簡単ではありませんが、研究者としての道を歩みはじめた、あるいは歩んできたみなさんは、いかに自分のデータを管理、操作し、他の人とやり取りし、解析するかということを、深く理解しはじめたのではないでしょうか。多くのことを身に付けました。一方で、それによって「策士、策におぼれる」ことのないよう注意する必要もあります。

7.6.1 結合関数の掟

正規分布が仮定できないようなデータに対して他の分布モデルを使うとき、データの値の変動の様子にはかなりキツい制約が仮定されています。これをみなさんがちゃんと理解していることを、心から願っています。といってもこれらの制約が、実は役に立つこともあります。どういった仮定が置かれているかを知っていれば、一般線形モデルで使い慣れた診断法やツールを、すべてGLMで使うことができるからです。モデルの値と分散の関係が何か妙な感じになっていたとしてもです。一方で、置かれている仮定が成り立たないデータもあります。こういったときはたいてい、過分散の問題が生じます。

またGLMを使うときにはいつも、結合関数も使います。多くの場合、予測値の取り得る値は有限の範囲内（または上下限のどちらかがある）に収める必要がありますが、これは結合関数がやってくれます。たとえば、計数値として負の値を予測してしまうモデルは、決して理想的とは言えませんよね。もう一度、図7.4を見てください。この図で、モデルを当てはめるためには目的変数の空間から結合関数の空間に写す必要がある、そしてモデルを解釈して結果をプロットするためには逆方向に戻る必要があるということが理解できたら、そう、みなさんの勝ちです。もっと難しい本を読んでも理解できるようになっています。

7.6.2 解析手順は同じ

第5章と第6章で、いつも踏むべき鉄板の作業手順を紹介しました。「**プロット**」→「**モデリング**」→「**前提条件の確認**」→「**モデルの解釈**」→「**仕上げのプロット**」です。これはGLMでも変わりませんが、一部の手順では少し難易度が上がっています。まず、最初と最後の図を作るところでは、考えるべきことが増えました。幸運なことに、正しく使っていれば、診断プロットの見方はこれまでと同じです。`anova()`と`summary()`の出力を理解、解釈するには、尤度と逸脱度について少し知識が必要ですが、表の作られ方やその見方は`lm()`のときと変わりません。データに当てはめたモデルの出来がよくないとき（変数間に交互作用があるときなど）は、`anova()`の表がモデルのそれぞれの部分（主効果と交互作用）を表示してくれるし、`summary()`がデフォルトで表示するのは処理対比であることも同じだし、カテゴリカル変数の水準値がアルファベット順に扱われるのも変わりません。

7.6.3 二項分布モデルは？

二項分布を使ったGLMはこの本では取り上げませんでしたが、これにはいろんなやり方があります。二項分布モデルについては、より高度な内容の本を紹介しておきましょう。R業界の聖書である文献5（巻末付録2参照）です。参考書やウェブで調べると、ポアソンGLMの例でやったように、モデルを定義する数式の書き方は`lm()`の場合と同じなのがわかると思いますが、目的変数は二値だったり、重み付きの割合だったり、または試行の成功、失敗を表す2列の変数だったりするので、その扱い方にはいくつかやり方があります。そういえば、二項分布モデルにおけるデフォルトの結合関数はロジット関数で、これは必要に応じていくつかオプションを指定できるようになっています。二項分布モデルは事象の生起確率をモデリングしますが、確率の値は0から1の間に限られるので、線形予測子の値をこの範囲に写すためにロジット関数が使われます。ちょっと難しいと思っても、何も恐れることはありません。もっと難しい本や、難しい概念を理解するだけの実力は、もう**みなさんには備わっている**のです。

プロットをきれいに整える：ggplotで座標軸とテーマをいじる

8.1 ここまでに出てきたプロットの技

さて、統計解析の世界の深淵の底、一般化線形モデル（GLM）からやっと戻ってきました。もうみなさんはちゃんとしたデータ解析がいつでもできます。様々な形式の実験計画、観測データ、または各自で収集した生物学のデータなどを扱えるはずです。

これまで、それぞれのデータの形式に応じたツール（ほとんどはggplot2のツール）を使って、プロットを作ってきました。点や棒グラフに色をつけたりもしましたが、これはデータの特徴を強調するためにプロットを「設定したり調整したり」したのでした。ここまででみなさんが身に付けたスキルは、以下のようなものでしょう。

- `geom_point()`、`geom_line()`、`geom_boxplot()`、`geom_bar()`、`geom_histogram()`、`geom_errorbar()`を組み合わせて使うこと。
- `aes()`に「`color =`」、「`fill =`」の引数を指定して点の色や棒グラフの色をカテゴリカル変数の水準値に合わせて変えること。
- `aes()`や`geom_()`系の関数で、「`size =`」や「`alpha =`」を引数に指定して、点の大きさを変えたり、点、棒グラフ、ヒストグラムの塗りを半透明にすること。
- dplyrの関数で生成した「`ymin =`」や「`ymax =`」を、`geom_errorbar()`の`aes()`で指定すること。
- `scale_colour_manual()`や`scale_fill_manual()`を使って点や棒グラフの色を自由に指定すること。

- theme_bw()などを使って、背景の色など、プロット全体の様子を自由に指定すること。

これらは、ここまででやってきたことの一部です。これらの技を整理して体系的に理解すれば、ggplot2の様々な機能と、dplyrを組み合わせて活用する方法を学ぶための基礎となる、基本的な枠組みがわかってくるでしょう。

ggplot2の深い世界に飛び込むにあたってみなさんには、わからないことはネットで調べることを強くお勧めしておきます。前半の章でもいくつかオンラインの情報を紹介しましたが、改めてここでも挙げておきます。まずはdplyrとggplot2のウェブページとチートシートです（訳注：英語です）。2番目はStack Overflowとそこのrチャンネルで、今のところhttp://stackoverflow.com/tags/r/infoにあります（訳注：もちろん英語です）。またGoogleなどの検索エンジンなら、普通の「話し言葉」や「自然言語」で検索できて、非常に効率よく情報を探すことができます。たとえば、「ggplot2でプロットに絵文字を使うには？」「How do I add emojis to a graph in ggplo2?」などと検索するとよいでしょう（訳注：英語の方が答えがズバっと出てきやすいです）。

はい、いいですね。ではもうちょっと詳しく見ていきましょう。といっても詳細な情報やggplot2でできることは非常に膨大で、とてもここでカバーしきれるものではありません。ここでできることは、言ってみれば試食レベルのことです。では試食のために、前半の章でRを使いはじめたとき、図を作るのに使ったデータセットに戻りましょう。compensation.csvです。リンゴ園に青々と繁る下草を、そこに放牧されているウシが食べているデータです。のどかで幸せな風景、おいしいリンゴ、楽園はすぐそこです。

8.2 新しいプロットの準備

新しいスクリプトを開きましょう。何のスクリプトなのか（未来の自分に）説明するコメントを書き、たとえばggplo2_custom_recipes.Rのようなわかりやすいファイル名で保存します。そしてもちろん、ggplot2をlibrary(ggplot)で読み込む必要がありますが、ここではさらに、CRANから新しいパッケージ、gridExtraをインストールして、library(gridExtra)で読み込んでください。最後に、compensationデータを読み込みます。これで、準備は完了です。

8.2.1 知っていましたか？

第4章と同じように、ここでもFruitとRootの散布図からはじめましょう。さらに、Grazing変数の2つの水準でデータを分けた、箱ヒゲ図も描きます。今回は、それぞれのプロットを、eg_scatterとeg_boxというオブジェクトに代入しておきます。こうしておけば、後で簡単にグラフを再利用できるからです。この2つのプロットの描き方は、次の通りです。

```
# BASE scatterplot
eg_scatter <-
  ggplot(data = compensation, aes(x = Root, y = Fruit)) +
  geom_point()

# BASE box-and-whiskers plot
eg_box <-
  ggplot(data = compensation, aes(x = Grazing, y = Fruit)) +
  geom_boxplot()
```

これで、作った図を自由に使えるようになりました。この図オブジェクトには、後からレイヤーを追加する、つまり設定などを加えていくこともできます。たとえば、theme_bw() を散布図に適用するには以下のようにします（図8.1）。

```
eg_scatter + theme_bw()
```

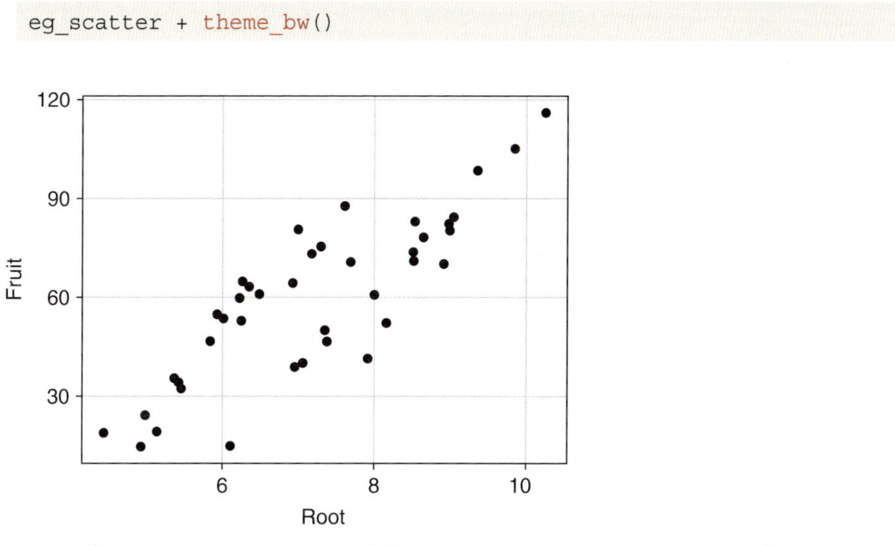

図8.1 プロットを作ったら、それをオブジェクトに入れてレイヤーを追加することができます。

先ほど、gridExtraという新しいパッケージをインストールしましたよね。これには、ggplot2で作った複数の図を、1つの図にまとめる機能があります。そう、たくさんのプロットを並べるのは**ggplot2**でも場合によってはできますが、違う種類の図を1つにまとめて並べた図を作ることもできるのです。すごいですよね（図8.2）。

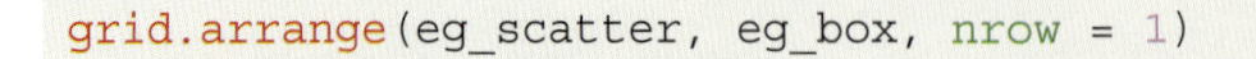

```
grid.arrange(eg_scatter, eg_box, nrow = 1)
```

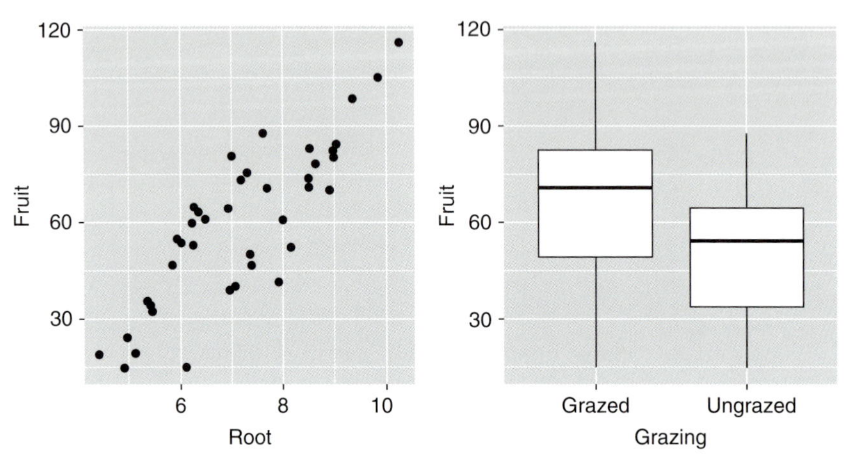

図8.2　compensationデータから描いた基本的な散布図と箱ヒゲ図。**gridExgtra**パッケージの`grid.arrange()`を使って1つにまとめました。

`grid.arrange()`に渡した引数は、まとめたいプロットをコンマで区切って並べたリストと、「`nrow =`」と「`ncol =`」のどちらか、またはその両方です。ヘルプの実行例を見てみてください。面白い使い方が紹介されているので、試してみたくなるかもしれません。

8.3　変えたいところはたくさんある

私たちがRの講義や実習をやるとき、どこかのタイミングで受講者に「この図の中で、どこか変えたい、指定したいと思うところはありますか？」と聞くようにしています。これによって、楽しいだけでなく、誰もがどうにかしたいと思う項目のリストが得られます。おおよそこんな感じです。

- 座標軸のラベルについて、数学記号を使いたい。または、回転させたり色を変えたい。
- 軸の範囲と、目盛りの位置を変えたい。
- 灰色の背景と格子線の**両方**を変えたい。

- 凡例の文字と枠線を変えたい。
- プロット内に説明のために文字列を置きたい。

こういった内容を実現するには、まずは何をどうしたいか整理する必要があります。おおざっぱに言って、ggplot()の図は2通りのやり方でいじります。scale_()系の関数を使う方法と、theme()系の関数を使う方法です。theme()系は、たとえば縦横の格子線や文字列のフォーマットなど、aes()で指定されなかった部分を操作します。

それとは対照的にscale_()系の関数は、変数が割り当てられたx、yの各軸に関する操作を行います。ggplot2の世界では普通aes()関数で指定されるようなことです。今ひとつピンと来ないかもしれませんが、データ中のどの変数をプロットするかを決めるというのは、ggplot()における**スケール**を決めることになるのです。たとえばcompensationデータの散布図では、x軸にはRoot変数を割り当てました。このときggplot2はその内部で、台木の直径の値の範囲を読み取ったり、軸上に打つ目盛りの位置を決めたり、いろんなことをしています。

ggplot2の作ったプロットを操作するときは、プロットの中には変数の値そのものが反映されている部分があることを意識しておきましょう。たとえばx軸の値の範囲や、目盛りの位置などです。これらを操作するのがscale_()系の関数の仕事です。プロット中には、たとえば格子線の有無や文字列の色や角度など、その他のいろんな要素もありますが、それらはデータ中の変数の値とは直接には関係していません。これらを操作するのはtheme()系の仕事です。いずれにせよ結局、座標軸にはその名前を書きたいし、図の中には説明のために文字列を置きたいものでしょう。それぞれを目的とした関数が用意されていますから、実際に使ってみましょう。

8.4 軸ラベル、軸の範囲、注釈

座標軸の名前はxlab()、ylab()で変えられます。または、その親か保護者に当たる関数labs()でも変えられます。これらで指定できることは単に、**どんな文字**を表示するかということだけです。あぁ、ちょっとだけ待ってください……色とか角度とかも、すぐ後でやりますから。

xlab()とylab()はこうやって使います（図8.3)。

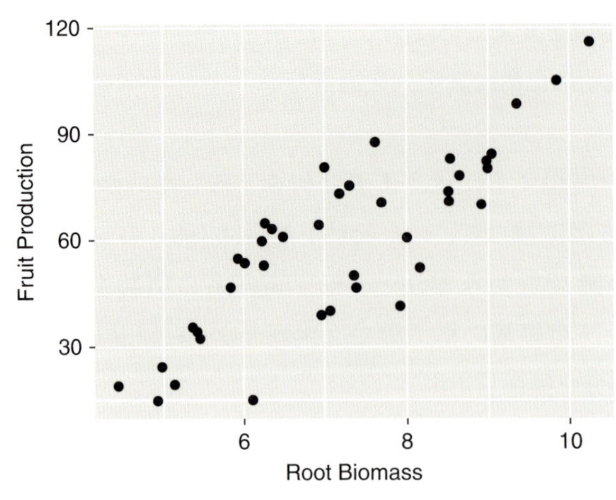

図8.3 xlab()とylab()を使って、軸ラベルをつける。

```
eg_scatter + xlab("Root Biomass") + ylab("Fruit Production")
```

どうしても図の題名を入れなければならないときは、ggtitle()を使います。でも、研究者のみなさんにお聞きしたいのですが、学術雑誌に載っているプロットで題名が付いてるのって見たことあります？一応、やり方はご紹介しておきますが。

```
eg_scatter + ggtitle("My SUPERB title")
```

先ほど触れたlabs()を使えば、全部まとめて同時に指定できます。

```
eg_scatter + labs(title = "My useless title",
                  x = "Root Biomass", y = "Fruit Production")
```

x軸やy軸の範囲を変えるのも簡単です。範囲と目盛りの位置を「同時に」設定する、無駄のない方法もありますが、それはscale_()系の仕事なので、もうちょっと後でやります。ここで使う便利な関数は、plot()で同じことをやったことのある人がいたら、やり方はそれと同じです。使うのはxlim()とylim()です。

```
eg_scatter + xlim(0, 20) + ylim(0, 140)
```

8.4.1 図の中に好きな文字列を置く

annotate()関数を使えば、図やプロットの中に好きな文字列を置くことができます。必要な情報は、置きたいものの種類（たとえば"text"など）、プロットの座標上での位置、そして置きたい文字列です。ここでは2つの文字列を、1つは$x = 6$、$y = 105$に、もう1つは$x = 8$、$y = 25$に置きます。もちろん1つずつ置くこともできますが、この例では一度に複数の文字列を置く方法をお見せします（図8.4）。

```
eg_scatter +
  annotate("text", x = c(6,8), y = c(105, 25),
           label = c("Text up here...","...and text down here"))
```

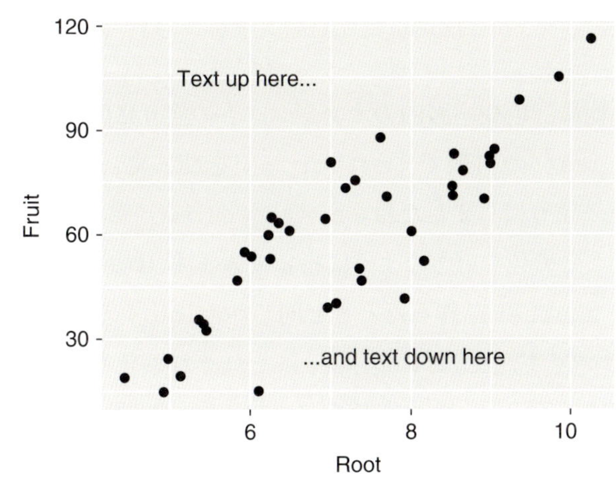

図8.4 図の中に注釈となる文字列を置いてみました。

8.5 プロット範囲と目盛り

scale_()系の関数は上で触れたように、プロットされる変数の値に深く関わっています。ggplot2を含む出来のいいプロットライブラリでは、プロットを作ろうとするといくつかのデフォルト設定が自動的に適用されますが、scale_()系の関数も各軸に割り当てられた変数の値を見て、それに応じてデフォルトの設定値を作ります。もちろん変更もできます。試しにx軸の範囲と目盛りの数と位置を好きなように変えてみましょう。それぞれ「limit =」と「breaks =」という引数でできます。x軸の範囲を4～11にして、その範囲内で1ごとに目盛りを刻むには、このようにします（図8.5）。

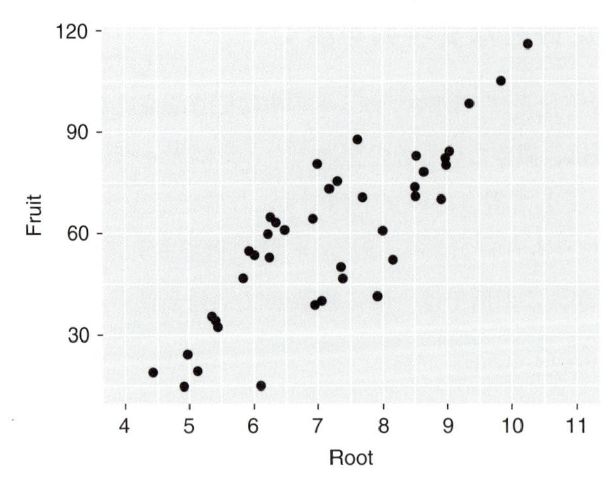

図8.5 連続値をとるx軸の値の範囲と目盛りの数を変更してみました。

```
eg_scatter + scale_x_continuous(limits = c(4, 11), breaks = 4:11)
```

scale_()系には他に、色や、図内のオブジェクトの塗りに関するものがあります。第4章では、aes()の引数で「colour =」を使って、各データ点の色を水準値ごとに変えるようにしましたね。scale_colour_manual()を使えばもっと自由に、各群ごとの色を好きなように指定できます（訳注：6.3.2節（p.167）でも使いました）。eg_scatterを作ったときと同じggplot()のaes()の引数に「colour =」を入れて、GrazedとUngrazedにそれぞれ茶色と緑を割り当ててみましょう。ここでは、Grazingの水準値をアルファベット順に並べて、その順で茶色（brown）と緑（green）を指定しています（図8.6）。

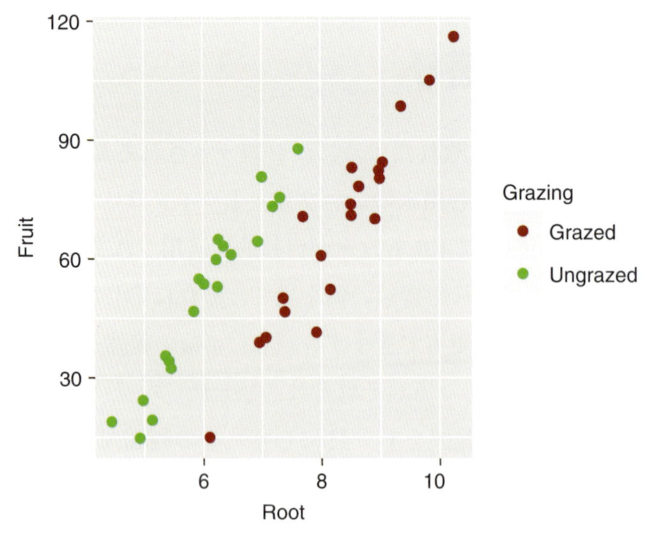

図8.6 カテゴリカル変数の水準値で分けられた各群の色を変えてみました。

```
ggplot(data = compensation, aes(x = Root, y = Fruit, colour = Grazing)) +
  geom_point() +
  scale_colour_manual(values = c(Grazed = "brown", Ungrazed =
                     "green"))
```

scale_() 系の関数では、プロットの座標軸の値を変換してプロットすることもできます。データに非線形性があったり、分散の広さを強調したいときなど、y軸を対数軸にしたいことがありますよね。これは、**ggplot2**で「プロットを作りながら」変換することでできます。ここではy軸が対数軸の**箱ヒゲ図**を描いてみましょう。scale_y_continuous() 関数の「trans =」引数で対数軸であることを指定します。scale_y_continuous() のヘルプを見るとわかりますが、「trans =」を使えばx軸とy軸の両方でいろんな変換ができます（図8.7）。

```
eg_box +
  scale_y_continuous(breaks = seq(from = 10, to = 150, by = 20),
                     trans = "log10")
```

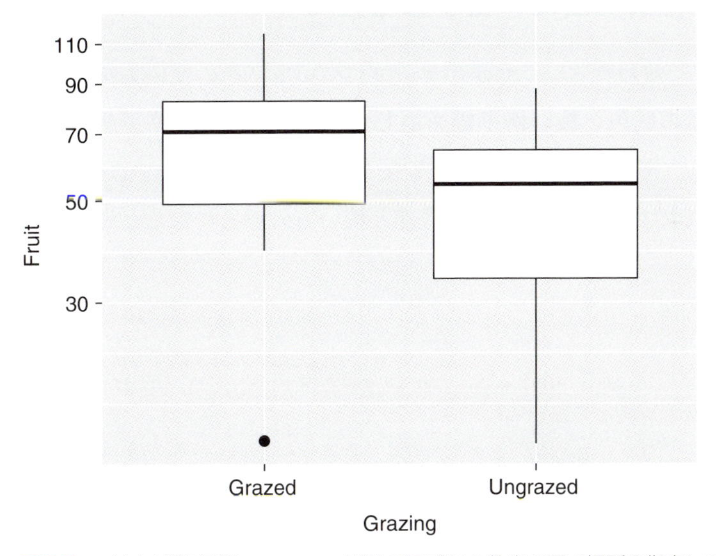

図8.7　y軸を対数変換し、breaks引数で目盛りの数字を置く場所を指定してみました。

ポイントは、seq() で目盛りの数字を置く場所を決めていること、そしてlog10で変換を指定していることです。scale_() 系の関数のヘルプには非常に役に立つ実例がたくさんあり、それをRにコピー＆ペーストするだけでそのままちゃんとプロットが行われます。ここまでで基本的な使い方はわかってきたと思うので、その上でヘルプを見れば、もうやりたいことは何でもできるでしょう。

8.6 theme()で全体の様子をいじる

さて、このggplot2と仲よくなっていじり倒して言うことを聞いてもらおう講座も最終回、theme()系の関数の使い方で締めくくろうと思います。座標軸への変数の割り当てに関すること以外はすべてtheme()系でしっかり扱えるようになっていて、美しい図も、逆にうんざりするほどひどい図も作れます。これからお見せするいくつかの例が理解できれば、theme()系関数のヘルプの素晴らしさもわかり、みなさんの創造的情熱にも火がつくでしょう。作りたい図をキッチリ作れる、うまい工夫がいくつかあります。また、スクリプトかコンソールで“?theme_”まで入力すると候補がたくさん表示されるので、ggplot2にはtheme_bw()の他にも実用的なテーマがいくつも用意されているのがわかるでしょう。さらに、ggthemesパッケージには、Rのbaseパッケージのスタイルを再現したテーマや、『Economist』誌のスタイル、また「Excelの古くさくてまったくイケてないグレーの図」のテーマまであります。

8.6.1 背景を変え、格子線を描く

では、よく使われるいくつかのテーマについて、その使い方を見てみましょう。まず、背景の灰色と細い格子線を消して、代わりに太い格子線を青色に変えてみましょう。まぁみなさんは、そんなことは別にしたくないかもしれませんが、theme()でのpanel系の引数の機能と使い方の参考になると思います（図8.8）。

```
eg_scatter +
  theme(
    panel.background = element_rect(fill = NA, colour = "black"),
    panel.grid.minor = element_blank(),
    panel.grid.major = element_line(colour = "lightblue")
    )
```

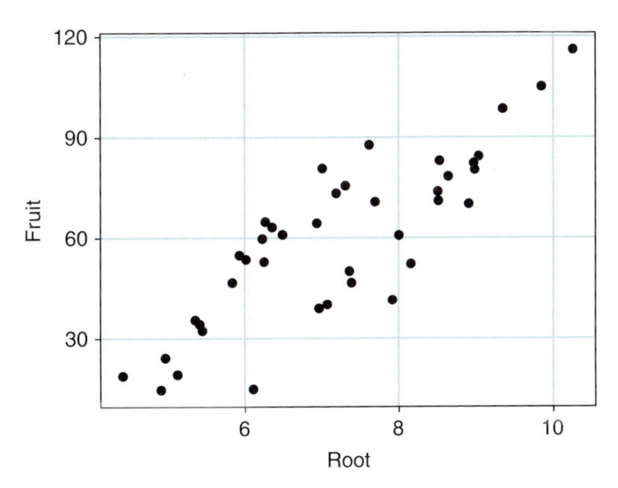

図8.8 パネルの背景と格子線を、ggplot2のtheme()のレイヤーで変更してみました。

どうやったのか、コードを見てみましょう。

- panel系の引数については、「background」や「grid」など、名前を見れば、何を指定するのかわかるでしょう。
- element_()系の関数は、panel系引数で形状を指定するのに使います。「rect」は長方形（rectangle）、「line」は線（lines）などです。
- element_()の引数の指定で「fill =」や「colour =」を使うやり方は、もうみなさんもわかってきたと思います（だといいのですが）。上の例では、panel.background = element_rect(fill = NA, colour = "black")で使っています。
- panel系の引数の設定を、完全に壊して無に帰すのがelement_blank()です。上の例では、panel.grid.minor = element_blank()で使っています。

8.6.2 軸の名前や目盛り

theme_bw()のようなライブラリがもともと用意しているテーマのヘルプを見ると、特定のテーマを設定する関数にはどれも「base_size =」という引数があるのがわかると思います。これは文字の大きさを変えるための引数ですが、theme()からは簡単には使えません。theme()で目盛りの数字や文字、軸の名前の文字のフォーマットを変えようと思ったら、引数のaxis.titleとaxis.textを使う必要があります。これらには、それぞれx軸用とy軸用があります。

試しに、x軸の名前の文字について、大きさと色と、目盛りの文字の角度を変えてみましょう。箱ヒゲ図のeg_boxを使います。簡単に文字列を傾けられることがわかると思います（図8.9）。

```
eg_box +
  theme(
    axis.title.x = element_text(colour = "cornflowerblue",
                                size =rel(2)),
    axis.text.x = element_text(angle = 45, size = 13, vjust = 0.5))
```

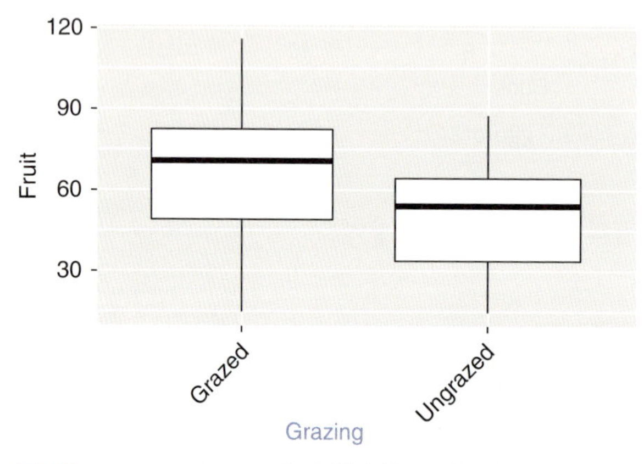

図8.9　theme()のaxis系の引数を使って軸の名前と目盛りの文字をいじってみました。

ここで使ったaxis系の引数は、もっぱら文字列（element_text()）を扱うためのもので、わかりやすいものもあれば、馴染みのないものもあります。文字の大きさは「size =」で指定します。絶対値（ここでは13）も指定できますが、size = rel(2)のようにして、デフォルトの文字サイズに対する相対値（**rel**ative value、何段階大きくするか）を指定することもできます。

「vjust =」という引数には、0から1の間の数値を指定します。これは文字列の垂直方向揃え（vertical justification）のことで、文字列を傾けたときに必要になることがあります。

8.6.3　離散値の軸（水準値など）

座標軸についての話題の最後に、離散値の軸について取り上げます。離散値をとる変数が座標軸のときは、それに適したやり方があります。この章の箱ヒゲ図ではx軸が離散値で、カテゴリカル変数の値で分けたデータの群ごとにプロットが描かれています。Rではカテゴリカル変数の値は水準値、または文字列のベクトルで、多くの場合、そんなにたくさんの値を持ちません。プロットでは何も指定しなければ、この水準値がそのまま群の名前を示すのに使われます。各群の名前を好きなように指定するにはscale_x_discrete()またはscale_y_discrete()関数を使います。

箱ヒゲ図の例では、このようにします（図8.10）。

```
eg_box + scale_x_discrete(limits = c("Ungrazed", "Grazed"),
                          labels = c("Control", "Grazed"))
```

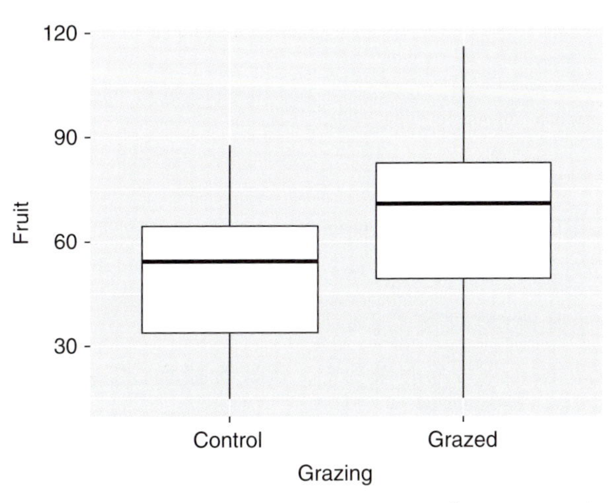

図8.10　離散値をとる軸上で、各群の名前をデータフレーム中の水準値から他の文字列に変えてみました。

8.6.4　凡例

私たちのこれまでの経験では、なんてことのない些細なことが元で、不安やイライラを生じたり、貴重な時間、日々、週、ときには年月が無駄になってしまうこともあります。ggplot2のデフォルトの凡例もそういった原因になり得ます。これについては、やみくもに試行錯誤するよりもヘルプを見るのが早いでしょう。

まず、凡例が枠に囲まれるのがイヤなときは、その枠を「欠損値」にしてしまいましょう（図8.11）。

```
ggplot(compensation, aes(x = Root, y = Fruit, colour = Grazing)) +
  geom_point() +
  theme(legend.key = element_rect(fill = NA))
```

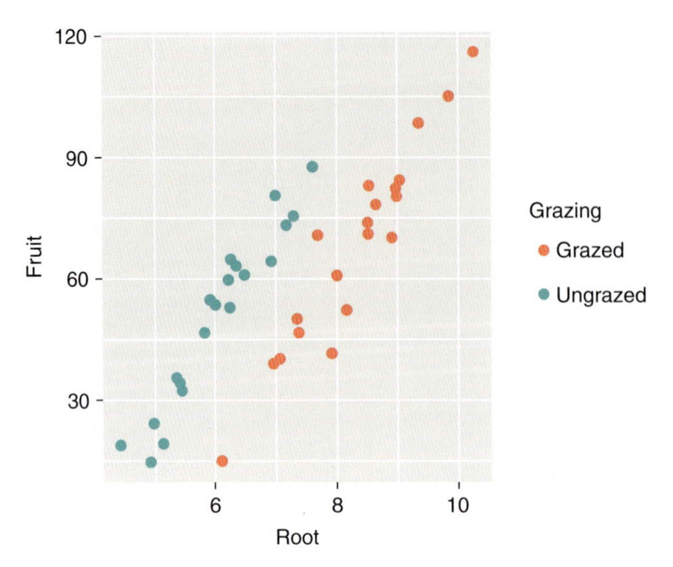

図8.11 凡例で記号を囲んでいた灰色の枠を、legend.keyで消してみました。

ときには、そもそも凡例がなくてもよいこともあるでしょう。そんなときは破壊の魔術師element_blank()を召喚して、大鉈を振るってもらいます。それ以外にも、theme()のlengend.positionという引数を使う方法もあります(図8.12)。

```
ggplot(compensation, aes(x = Root, y = Fruit, colour = Grazing)) +
  geom_point() +
  theme(legend.position = "none")
```

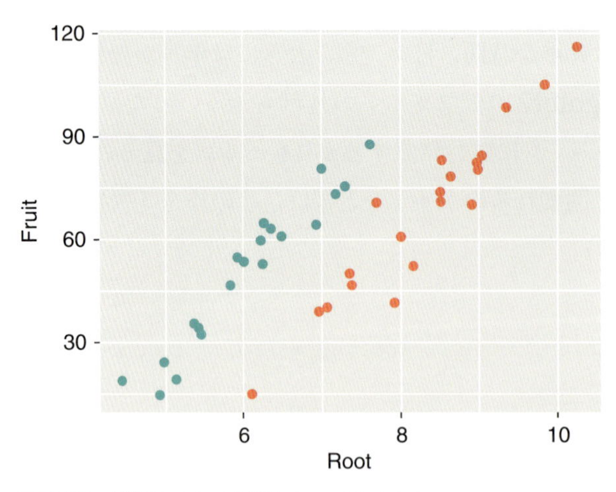

図8.12 凡例そのものを消し去ってみました。

深遠な知見がこの例から得られますね。つまり、凡例はどこでも好きなところに動かせるのです。そう、みなさんにはできるのです。どうやって……？それは……`theme()`のヘルプで例を見るのです！

8.7 まとめ

この章でggplot2での`scale_()`系の関数と`theme()`のいろいろな引数の使い方の見当がつくようになっているといいな、と思います。図を華やかにすることにはあまり積極的とは言えませんでしたが、みなさんは図の中で変数の値に密接に結び付いている部分と、変数値から独立している部分の両方を操作できるようになりました。この章では`scale_()`系関数と`theme()`の使い方に注目して説明を進めてきましたが、今やみなさんは`theme()`のヘルプの内容を、十分に理解できるようになっているはずです。各自で、独自のデザインのプロットを作れるでしょう。多くの人がそうしています。また、ggthemesパッケージのヘルプで“Reference”のところを見るといい参考になるでしょう。

さぁ、出陣のときです。図を作るのです。

終わりに：最後のコメントとはげまし

さて、みなさんはもうRの使い方を知っています。データを読み込む方法、それを要約し、どんな分布の様子かを見る方法、いろんな形式のプロットを作る方法を学びました。また基礎的な統計解析の方法も学びました。本書では全編を通じて、Rで実行する命令をスクリプトに書き、保存することが重要だと言ってきました。それによってみなさんの解析作業を、永続性があり、再現性もあり、十分な説明を付けることができ、共有可能な社会的財産にすることができます。実験ノートからパソコンにデータを写す作業にはじまり、図を作って統計解析を行う作業まで、そのすべてが、1つの、安全な、いつでも使える、わかりやすい場所に保存されるわけです。

また、みなさんには、解析作業手順における非常に基本的なルールを紹介しました。はじめに行うのは、統計解析の計算では**決してない**のです。**常に**図を描くことからはじめます。なぜでしょうか？データが再現実験のものだったり、十分な観測値が得られるよう非常にうまく計画された実験だったり、またはモデルから生成されたシミュレーションデータだったりするときは、解析作業を行うに当たって、観測される変数間に理論的に何らかの関係性があると想定しているはずです。みなさんは頭の中では、データ中に何らかの関係性、パターンを期待しているわけです。それを示す図を作りましょう。図の座標軸には、その想定に適した変数を選ぶわけです。そして図の中に**期待していた**関係性が見えれば、成功です。そこに答えがあるのです。

本書の全編を通じて、このように図を描いてから統計解析をする作業手順にしたがうべきだ、と強調してきました。ここでそれを拡大し、17ステップにします（ちょっと増えました）。ここで増やしたステップは、まぁ、段取りとか、お茶したりとか、そういう感じのことです。

1. パソコンで、その解析のためのフォルダを作る。

2. 表計算ソフトウェア(Excelとか) にデータを入力する。各サンプルを各行に、各列を観測項目にする。そしてそれを、1.で作ったフォルダに保存する。

3. 作った表を紙に印刷し、実験ノートに書かれているデータと比較し確認する。間違いがあったら修正する。

4. 表計算ソフトウェア上の表をコンマ区切り形式（.csv）で保存する。

5. 表計算ソフトウェアのファイルと.csvファイルを書き込み禁止にして保護する（訳注：Windowsなら「プロパティ」、Macなら「情報を見る」、Unix系ならchmodコマンドでできます）。

6. 飲み物を用意して、一休みする。

7. RStudioを起動し、新しいスクリプトを開き、そのスクリプトを1.で作ったフォルダに保存する。Rで実行することはすべてこのスクリプトに書き込んでいき、作業中は定期的に保存する（コレ大事、本当に）（訳注：私も、ほぼ改行のたびに左手がCtrl-S/Cmd-Sを押してます）。このスクリプトとデータファイルさえ安全に取っておけば大丈夫です（でも、とにかく確実に安全に）。

8. スクリプトには、コメントを常に、たくさん入れる。

9. データをRに読み込む。読み込んだらデータの行数と変数の数が正しいかどうか確認する。変数の種類が正しいかどうかも確認する。カテゴリカル変数の水準の数が正しいかどうかも確認する。数値変数の分布の様子と範囲がおかしくないか確認する。欠損値があるか、あるならどこかを確認する。各水準値ごとにいくつのサンプルがあるかを確認する。とにかく全部、何もかも確認する。

10. スクリプトにコメントを入れることを思い出す。

11. お菓子を持ってきて一休みする。

12. Rの素晴らしいプロット機能を使い、データの様子を見る。dplyrとggplot2を活用する。統計検定がどんな結果になりそうか予想する。その予想が当てはまるかどうかを考えるための図を作る。いろんな図を作って、確信を深めていく。

13. 予想が正しいかどうかを確認するために、統計検定を行う。正しければ、喜ぶ。そして発表する。間違っていたら、原因を見つけ出す。

14. スクリプトにコメントを入れることを思い出す。

15. 結果について、同僚などに議論に付き合ってもらう。電子メールでも、レポートでも、論文原稿でも、ポスターでも、ウェブページを作ってでも、とにかくどんな方法ででも。

16. フォルダの中を見に戻って、ファイルやスクリプトを整理する。半年放置した後にいきなり見てもガッカリ、ウンザリしないような状態にする。それはかなり後のことになるので、整理整頓にはかける時間は、今、十分にある。

17. 作業を終了して、何か他のことをする。Rにこれといった興味のない友人を相手に一晩中Rのことを語る、みたいなことをしないようにする。

この基本の作業手順を守ることが、Rを使って統計解析を行う際の確実で無駄のない作業の基礎を身に付けることになります。ただそうですね、上の手順に沿うとしても、実際にはいろいろなやり方があるとは思います。でも、いろいろ凝った方法であれこれやるよりは、Rでやること自体はシンプルにしておくのがよいとは思いませんか？上の手順が、スクリプトとその中でやる解析でしっかりカバーされるようにしてください。スクリプトの中にはたくさんコメントを入れて、スクリプト中のどの部分がどのステップに対応するのかわかるようにしましょう。それがちゃんとやれれば、みなさんはRをうまく使える、幸せなユーザーになれるでしょう。そして、そういった作業や労力に対して、解析結果の検証、共有、その発表などのときに、みなさんの同僚、友人、または雑誌の編集者が感謝してくれます。

Rで幸せになりましょう！

巻末付録

いくつかの章には、その章に関連する付録が付いていますが、ここでは各章の内容にとどまらない付録を3つ用意しました。今後Rをさらに学んだり、遊んだりするときに役に立つでしょう。

巻末付録1　データの出典

表A.1　本書で使ったデータセットの出典

データセット	出典
compensation.csv	Crawley（2012）「ipomopsis.txt」というデータセット
gardenozone.csv	Crawley（2012）を参考に、著者らによって作成されたデータセット
plant.growth.rate.csv	著者らによって作成されたデータセット
daphniagrowth.csv	著者らによって作成されたデータセット
growth.csv	Crawley（2012）「growth.txt」というデータセット
soaysheepfitness.csv	著者らによって作成されたデータセット
limpet.csv	Quinn & Keough（2002）
ladybirds_morph_colour.csv	Phil Warrenによって作成されたデータセット
nasty format.csv	OPにより提供されたデータセット

巻末付録2 参考文献

オンライン文献

- https://journal.r-project.org—*The R Journal*
- https://cran.r-project.org—「Documentation」の項を参照。日本語を含む多言語版のマニュアルやガイドへのリンクがあります。
- https://www.rstudio.com/resources/cheatsheets/—データ視覚化（data visualization）、データ変換（data transformation）、Rの基礎（base R）、Rの詳細（advanced R）、R Markdownなどについて、きれいにまとめられたチートシートがあります。
- https://ggplot2.tidyverse.org/index.html—ggplot2を使って、美しい図を作成するための包括的なガイド。
- http://www.statmethods.net—「the Quick-R」という名のウェブサイト。便利なサンプルやチュートリアルが多数用意されています。
- http://stackoverflow.com—Rに関する多数の質問と回答が集められています。Googleで検索すると、ここにたどりつくことも多いはず。
- http://www.r-bloggers.com—R関連のブログ情報が集積されています。
- https://www.datacamp.com—オンラインのR講座。edX、coursera、その他のオンライン講座プラットフォームもチェックしてみましょう。

書籍

1) M.J. Crawley, *Statistics: An Introduction using R*, Wiley, 2005
『統計学:Rを用いた入門書 改訂第2版』（著/Michael J. Crawley, 翻訳/野間口 謙太郎, 菊池 泰樹），共立出版，2016

2) M.J. Crawley, *The R Book*, Wiley, 2012

3) J.J. Faraway, *Linear Models with R*, 2nd edn, CRC Press, 2014

4) P. Dalgaard, *Introductory Statistics with R*, Springer, 2008
『Rによる医療統計学 原書2版』（著/Peter Dalgaard, 監修・翻訳/岡田昌史），丸善出版，2017

5) W.N. Venables and B.D. Ripley, *Modern Applied Statistics with S*, Springer, 2002
『S-PLUSによる統計解析 第2版』（著/W.N.Venables, B.D.Ripley, 翻

訳/伊藤 幹夫，大津 泰介，戸瀬 信之，中東 雅樹，丸山 文綱，和田 龍磨)，丸善出版，2012

6) J. Fox and S. Weisberg, *An R Companion to Applied Regression*, 3rd edn, Sage, 2018

7) H. Wickham, *ggplot2: Elegant Graphics for Data Analysis*, Springer, 2009
『グラフィックスのためのRプログラミング』(著/Hadley Wickham, 翻訳/石田 基広)，丸善出版，2012 ※原著は2016年に第2版が出ています

8) A. Hector, *The New Statistics with R: An Introduction for Biologists*, Oxford University Press, 2015

9) J. Maindonald and W.J. Braun, *Data Analysis and Graphics Using R: An Example-Based Approach*, 2nd edn, Cambridge University Press, 2010

10) J. Fox, *Applied Regression Analysis and Generalized Linear Models*, 3rd edn, Sage, 2015

11) J.J. Faraway, *Extending the Linear Model with R*, CRC Press, 2005

12) J. Adler, *R in a Nutshell*, O'Reilly, 2012
『Rクイックリファレンス 第2版』(著/Joseph Adler, 翻訳/大橋 真也，木下 哲也)，オライリージャパン，2014

13) G.P. Quinn and M.J. Keough, *Experimental Design and Data Analysis for Biologists*, Cambridge University, 2002

巻末付録3　R Markdown

解析結果を他の人に見せる準備をしているとき、たとえばWordの文書やPowerPointのプレゼンスライドに、Rの出力（ANOVAの出力とか）をコンソールからコピー&ペーストすることがあるでしょう。またRで作った図をファイルに保存して、それを挿入する方法も考えられます。これらの方法でも、もちろんうまくいきます。でも、データセットに修正が入ったら、最初っから全部やり直しです。まぁ、大した仕事ではありませんが。

Rの出力結果などを文書などに取り込む手段としては、他にも、R Markdownというものがあります。これは要するにスクリプトですが、プレインテキスト、書式付きテキスト、Rのコードからなり、実行すると文書（HTML、Word、PDF）やプレゼン資料（HTML、PDF）が出力されるものです。プレインテキストはプレインテキスト、RのコードはRのコードとして出力されますが、素晴らしいのは、Rの実行結果も出力されて文書に挿入されることです。Rのコードでプロットを作れば、そのコードとプロット、コードだけ、プロットだけのどれかの状態を選んで文書に載せられます。`summary()`で線形モデルの要約を見るなら、モデルと要約、モデルだけ、要約だけ、のいずれかの状態を選べます。

R Markdownは、RStudioのおかげで、本当に簡単に使えます。RStudioで新しいファイルを開くとき、選択肢の1つに**R Markdown**があるので、そこをクリックすると、今度はどの種類の文書を作るかが選べます（訳注：はじめてやるときは、必要なパッケージ（caToolsとbitops）をインストールするか？と聞かれます）。そして、文書の種類を選んで［OK］をクリックすると、スクリプトが開かれます。おっとっと、よく見てください。何やらすでに、いろいろ書かれていますが、ここにはこの後の作業手順、たとえば［knit］ボタンを押して最終的に文書を生成するにはどうすればよいか、などが説明されています。

R Markdownはとにかく素晴らしい機能です。調べてみて使ってみて、まわりに教えてあげてください。もっと知りたくなったら、SweaveとShinyアプリのことを調べてみるとよいでしょう。

索引

記号

A

B

C

D

E

F

G

H

I

J

L

M

N

O

P

Q

R

S

T

U

V

W

X

Y

Z

あ行

か行

さ行

た行

な行

は行

ま行

や行

ら行

わ行

◆訳者プロフィール◆

富永大介（とみながだいすけ）

1970年福岡県生まれ。九州工業大学大学院情報工学研究科博士後期課程修了（博士（情報工学）、2001年）。産業技術総合研究所主任研究員、早稲田大学客員教授、明治薬科大学非常勤講師、東ソー株式会社技術コンサルタント。専門は生命情報科学。主に代謝系の動態解析法、遺伝子発現解析法などの研究開発、および生命情報科学、統計解析などの教育、情報セキュリティ管理などの業務を行う。宗教哲学や形而上学から機械工学、情報工学、言語学、代数学、アウトドアまで幅広い分野に興味を持つが、趣味はフルート演奏とホルン演奏、およびコミケで計算尺を売ること。

◆原著者情報◆

Andrew P. Beckerman: Department of Animal and Plant Science, University of Sheffield

Dylan Z. Childs: Department of Animal and Plant Science, University of Sheffield

Owen L. Petchey: Department of Evolutionary Biology and Environmental Studies, University of Zurich

◆本書発行後の更新情報を，羊土社ホームページにてご覧いただけます．
https://www.yodosha.co.jp/yodobook/book/9784758120951/

R（あーる）をはじめよう 生命科学（せいめいかがく）のための RStudio（あーるすたじお）入門（にゅうもん）

2019年3月25日　第1刷発行
2023年3月25日　第4刷発行

翻　訳　富永大介（とみながだいすけ）
原　著　Andrew P. Beckerman, Dylan Z. Childs, Owen L. Petchey
発行人　一戸裕子
発行所　株式会社 羊 土 社
〒101-0052
東京都千代田区神田小川町2-5-1
TEL　03（5282）1211
FAX　03（5282）1212
E-mail　eigyo@yodosha.co.jp
URL　www.yodosha.co.jp/
制作・装幀　株式会社トップスタジオ
印刷所　株式会社 加藤文明社印刷所

ISBN978-4-7581-2095-1